新型肥料研发
及应用研究现状与演化

沈 浦 著

中国农业科学技术出版社

图书在版编目（CIP）数据

新型肥料研发及应用研究现状与演化 / 沈浦著. 北京：中国农业科学技术出版社，2024.9. --ISBN 978-7-5116-7113-4

Ⅰ.S14

中国国家版本馆 CIP 数据核字第 2024H33B20 号

责任编辑	周　朋
责任校对	王　彦
责任印制	姜义伟　王思文

出 版 者	中国农业科学技术出版社
	北京市中关村南大街 12 号　　邮编：100081
电　　话	（010）82103898（编辑室）　（010）82106624（发行部）
	（010）82109709（读者服务部）
网　　址	https：//castp.caas.cn
经 销 者	各地新华书店
印 刷 者	北京建宏印刷有限公司
开　　本	148 mm×210 mm　1/32
印　　张	5.625
字　　数	160 千字
版　　次	2024 年 9 月第 1 版　2024 年 9 月第 1 次印刷
定　　价	48.00 元

◀━━ 版权所有·翻印必究 ━━▶

《新型肥料研发及应用研究现状与演化》著者名单

主　著：沈　浦

副主著：吴　曼　王香竹

著　者：(按姓氏笔画排序)

王　珂　王香竹　尹　亮　刘　淼

孙学武　苏　瑞　李　毅　李苗苗

杨丽玉　吴　曼　吴　琪　沈　浦

陈殿绪　袁　亮　顾　雪　梁海燕

前 言

肥料对于确保粮食的稳定性及农产品的供应起到了关键的作用。传统肥料具有较快的营养成分释放速度,常常无法满足植物整个生命周期的营养需求。当前,在提升肥料施用效果方面,新型肥料研发与应用得到了越来越多的需求与关注。

新型肥料以传统氮磷钾肥料等为基础,添加有效助剂,利用新工艺、新配方或新技术制成,可显著提高肥效。新型肥料能直接或间接为作物生长发育提供必需营养,改良土壤结构、调节土壤酸碱度、改善土壤理化及生物学性质。常见的新型肥料种类包括缓控释肥、水溶肥、微生物肥等,这些在提高肥料利用效率同时,能够促进作物产量和品质的提升。

近年来,在化肥使用量零增长行动进程中,新型肥料发挥了重要的作用,促使农业生产向着"转方式、调结构"方向迈进。研究人员对新型肥料的研发与应用状况进行深入剖析,探究其研究热点和演化趋向,这对推进高效施肥管理、实现作物增产以及生态环境保护有较好的促进作用。

山东省花生研究所联合青岛科技大学及有关研究机构,结合各自研究成果著成本书。本书包括十章内容:第一章为新型肥料研究现状与演化概述;第二章介绍缓控释肥研发及应用研究现状与演化;第三章介绍生物炭基肥研发及应用研究现状与演化;第四章介绍水溶肥研发及应用研究现状与演化;第五章介绍商品有机肥研发及应用研究现状与演化;第六章介绍微生物肥研发及应用研究现状与演化;第七章介绍叶面肥研发及应用研究现状与演化;第八章介绍微量元素肥研发及应用研究现状与演化；第九章介绍气体肥料研发及应用研究现状与演化；第十章介绍纳米肥料研发及应用研究现状与演化。

本书的撰写和出版得到农业农村行业发展相关监测服务（152403046）、山东省重大科技创新工程（2019JZZY010702）、国家自然科学基金（32201918）、国家重点研发计划项目课题（2020YFD1000905）、山东省自然科学基金（ZR2022MC074）、山东省农业科学院农业科技创新工程（CXGC2024B13）的资助。在撰写过程中得到了部分单位的支持，课题研究生和试验基点有关人员也参与了大量工作，在此一并表示感谢。

由于著者水平有限，书中难免存在疏漏之处，恳请读者批评指正。

著 者
2024年9月

目　　录

第一章　新型肥料研究现状与演化概述 ··················1
　1.1　新型肥料研究概述··················1
　1.2　文献计量学概述··················4
　1.3　文献计量学在新型肥料研究方面的作用··················6
　参考文献··················8

第二章　缓控释肥研发及应用研究现状与演化 ··················11
　2.1　缓控释肥概述··················11
　2.2　缓控释肥的研发与作用效果··················12
　2.3　缓控释肥研究的总体现状··················20
　2.4　缓控释肥研究的热点分析··················23
　2.5　缓控释肥研究的演化趋势··················25
　参考文献··················28

第三章　生物炭基肥研发及应用研究现状与演化 ··················33
　3.1　生物炭基肥概述··················33
　3.2　生物炭基肥的研发与作用效果··················34
　3.3　生物炭基肥研究的总体现状··················40
　3.4　生物炭基肥研究的热点分析··················43
　3.5　生物炭基肥研究的演化趋势··················45
　参考文献··················48

第四章　水溶肥研发及应用研究现状与演化 ··················52
　4.1　水溶肥概述··················52
　4.2　水溶肥的研发与作用效果··················54

4.3 水溶肥研究的总体现状 58
4.4 水溶肥研究的热点分析 60
4.5 水溶肥研究的演化趋势 63
参考文献 65

第五章 商品有机肥研发及应用研究现状与演化 68
5.1 商品有机肥概述 68
5.2 商品有机肥的研发与作用效果 69
5.3 商品有机肥研究的总体现状 74
5.4 商品有机肥研究的热点分析 77
5.5 商品有机肥研究的演化趋势 80
参考文献 82

第六章 微生物肥研发及应用研究现状与演化 86
6.1 微生物肥概述 86
6.2 微生物肥的研发与作用效果 88
6.3 微生物肥研究的总体现状 94
6.4 微生物肥研究的热点分析 97
6.5 微生物肥研究的演化趋势 99
参考文献 102

第七章 叶面肥研发及应用研究现状与演化 105
7.1 叶面肥概述 105
7.2 叶面肥的研发与作用效果 106
7.3 叶面肥研究的总体现状 111
7.4 叶面肥研究的热点分析 114
7.5 叶面肥研究的演化趋势 116
参考文献 119

第八章 微量元素肥研发及应用研究现状与演化 121
8.1 微量元素肥概述 121
8.2 微量元素肥的研发与作用效果 122
8.3 微量元素肥研究的总体现状 126

8.4 微量元素肥研究的热点分析……………………………………129
 8.5 微量元素肥研究的演化趋势……………………………………131
　参考文献………………………………………………………………134
第九章　气体肥料研发及应用研究现状与演化……………………137
 9.1 气体肥料概述……………………………………………………137
 9.2 气体肥料的研发与作用效果……………………………………138
 9.3 气体肥料研究的总体现状………………………………………142
 9.4 气体肥料研究的热点分析………………………………………145
 9.5 气体肥料研究的演化趋势………………………………………148
　参考文献………………………………………………………………151
第十章　纳米肥料研发及应用研究现状与演化……………………153
 10.1 纳米肥料概述……………………………………………………153
 10.2 纳米肥料的研发与作用效果……………………………………154
 10.3 纳米肥料研究的总体现状………………………………………159
 10.4 纳米肥料研究的热点分析………………………………………161
 10.5 纳米肥料研究的演化趋势………………………………………164
　参考文献………………………………………………………………167

第一章 新型肥料研究现状与演化概述

1.1 新型肥料研究概述

1.1.1 新型肥料的概念

新型肥料是以传统磷肥、氮肥、钾肥为主要原料,通过新配方、新工艺,通过添加高效助剂,制备出具有明显增效作用的新型化肥(冯尚善,2022)。缓控释肥、水溶性肥、微生物肥等都属于常见的新型肥料。肥料的形式会随时间而改变,当下的新型肥料不久后或许会成为常规肥料,现在的常规肥料也是由曾经的新型肥料经多年应用后稳定形成的。

目前,我国的农作物仍然以施用传统化肥为主,只有在某些特殊作物、特殊土壤等特殊情况下才会使用新型肥料。我国新型肥料的研究与开发已经取得了长足的进步,而部分新型肥料还处在研究的初期研究阶段,仍然面临着原料昂贵、难降解、产品难以产业化等问题,而开发出绿色高效、无毒无害的新型肥料也是亟待解决的问题。在未来一段时间内,我国新型肥料的研发、生产和推广仍需稳定进行。

1.1.2 新型肥料的作用特点

新型化肥可通过调控土壤酸碱度、改良土壤结构、改善土壤理化和生化特性,从而提高化肥利用率、促进作物生长发育、提升产量和品质。新型肥料的作用特点体现在表1-1中。

①功能扩展或功效增强，保水肥料、药肥等肥料除了能够提供营养外，还具有保水、抗寒、抗旱、杀虫、防病等作用（古丽皮叶·艾乃吐拉，2016）。另外，采用包衣技术、添加抑制剂等方法生产的肥料，能显著提高养分利用率，进而增加施肥效益的肥料也可归为此类。

②形态更新，即肥料在形态上发生了新的改变，可以根据肥料的具体用途设计出液态肥、气态肥、膏状肥等，利用形态的改变来提高肥料的利用效率（丁文成等，2023）。

③新型材料的应用，在肥料原药的基础上使用肥料添加剂、助剂等新型材料使得肥料性质趋于稳定，方便施用、提高肥料利用率（刘旭杰等，2024）。

④运用方式的转换或更新，这是针对不同作物、不同栽培方式等特殊条件下的施肥特点专门研发的肥料，虽然从肥料形态和品种上没有太多改变，但重点在于解决生产中急需解决的某些问题，具有针对性，像冲施肥、叶面肥等（张志国等，2009）。

⑤间接提供植物养分，如微生物接种剂等，即一些不是植物必需的营养元素，却能通过新陈代谢等方式间接供给植物营养（Bhardwaj et al.，2014）。

表1-1 新型肥料的作用特点

特点	事例	作用
功能拓展或功效提高	保水肥料、药肥等	提供养分，还具有保水、抗寒、抗旱、杀虫、防病等其他功能
	包衣技术、添加抑制剂等方式	养分利用率明显提高，增加施肥效益
形态更新	液态肥、气态肥、膏态肥等	肥料的形态出现了新的变化，根据不同目的，改善使用效能

(续表)

特点	事例	作用
新型材料的应用	肥料原药、肥料添加剂、助剂等	肥料品种呈现多样化、效能稳定化、易用化、高效化
运用方式的转变或更新	冲施肥、叶面肥等	针对不同作物、不同栽培方式等条件专门研制的肥料，具有针对性
间接提供植物养分	微生物接种剂、VA菌根真菌等	物质本身并非植物必需的营养元素，可通过代谢或其他途径间接提供养分

1.1.3 新型肥料的种类情况

新型肥料根据自身的特性与作用，可以划分为缓控释肥、生物炭基肥、水溶肥、商品有机肥、微生物肥、叶面肥、微量元素肥、气体肥料、纳米肥料九大类（表1-2）。其中，缓控释肥是指利用水凝胶、负载、化学或物理反应等技术实现对化肥营养物质的长期缓释（阎巨光，2016）。生物质炭基肥以生物炭作为基体，通过化学和物理相结合的方式添加养分制备出一种新型的环境友好型化肥（王晓玲等，2022）。水溶肥是一种可溶于水中的化肥，可通过浇水、叶面喷洒等方法进行应用（金波，2020）；商品有机肥是将农家肥作为原料，经过一系列商品化处理后得到的新型有机肥料（郑利杰和王波，2017）；微生物肥是以微生物的生命活动为基础，通过发酵制成的具有特殊功效的有机肥料（周璇等，2020）；叶面肥是将肥料以溶液形式喷洒至植物体内，使其能够充分吸收的一类化肥（李冬等，2016）；微量元素肥是包含铁、硼、锌等微量元素的化肥（周麟笔等，2022）；气体肥料是以气态形式施加的肥料（王洪记，2000）；纳米肥料是借助纳米材料技术制备出的一种新型化肥（齐明阳等，2023）。另外，在进行测土配方施肥时，还可以依据作物的需肥状况、土壤类型和营养供给状况，按作物所需量身定做配方肥，以满足作物的营养需求。

表 1-2 新型肥料的种类与养分特点情况

种类	养分特点
缓控释肥	养分释放缓慢,肥料长效化
生物炭基肥	以生物炭为载体
水溶肥	以水溶液方式施用
商品有机肥	商品化改进的农家肥、有机肥
微生物肥	以微生物生命活动为核心
叶面肥	以溶液方式供给作物叶片
微量元素肥	含有铁、硼、锌等微量元素
气体肥料	以气体形式施用
纳米肥料	通过用纳米材料技术

1.2 文献计量学概述

1.2.1 文献计量学的概念

文献计量学是一门交叉学科,它运用数理统计的手段,对所有的知识载体进行定量分析。它将数学、统计学与文献学融为一体,是高度重视量化的综合性知识架构。其计量的重点对象主要有:文献数量(各类刊物,尤其是期刊文章和引文)、作者人数(个体或群体)、词汇数(各类文献标识,尤其以叙词为主),其最基本的特点是输出必须具有"量"(邱均平,1987;凡庆涛和谢海涛,2019)。

文献计量学具有多方面的重要性。从学术研究的角度来看,它是一种科学、客观的研究手段。它能使科研人员迅速地掌握某一学科的研究状况与发展动态。从学科发展的角度来看,可以通过文献计量学的方法来评价该学科的发展状况。通过对学科领域文献的增长情况、核心期刊的分布情况以及高影响作者的分布情况来判定该学科的成熟程度、活跃程度及发展前景。从科学研究的角度来看，文献计量学可以为科学研究的发展提供定量的指标。在传统的科学评估中，论文数量和被引量等文献计量学指标能够较为客观地反映出科学研究成果的优劣。在情报服务方面，利用文献计量学的方法，对图书馆、情报工作者进行了科学地组织与管理。总之，文献计量学在学术研究、学科发展、科研管理和信息服务等方面都发挥着重要的作用，是推动知识创新和学术进步的有力工具。

1.2.2 文献计量学的利用方法

文献计量学主要用于对中英文文献的研究情况加以分析。中文文献来自中国知网的中文学术期刊与学位论文出版总库。中文检索式为"主题=＊＊＊＊"，为保证检索结果的学术质量，对结果逐篇筛查，去除不相关文献，所得检索结果包含 CNKI 期刊论文篇数、CNKI 学位论文篇数等信息。英文文献常以 ISI Web of Science 核心合集数据库为检索对象，检索式为"主题=＊＊＊＊"，文献类型为 Article or Review，对检索结果逐篇筛查以去除无关文献，获得检索结果包括 WoS 核心合集英文论文篇数等信息。利用 CiteSpace 等文献计量分析软件，能够深入开展相关主题研究的时间序列、研究机构、关键词词频、共现聚类、关键词共现聚类、时间线视图等方面的分析。

1.2.3 文献计量学的发展历程

在我国，文献计量学的研究起步相对较晚，直至 20 世纪 70 年代后期才开始逐渐传播并兴起。《文献计量学的研究对象和应用》和《新颖的〈科学引文索引〉》都是该领域的代表成果（凡庆涛和谢海涛，2019）。此后，伴随着大量的实用性和介绍性的论文问世，文献计量学开始在各领域得到广泛的应用，自此，文献计量学研究在我国蓬勃开展。历经 40 多年，在众多专家学者的努力下，我国文献计量学研究取得了显著进步，逐步从传统文献计量学范式迈向由文献计量学、信息计量学、网络计量学、科学计量学、知识计量学融合而成的现代文献计量学范式,实现了从学科的突破、拓展与超越向学科的转型、融合与升级的转变(任全娥,2020;周子番等,2021)。

国内情报学界对文献计量学的发展进行了较深入的研究。邱均平教授于1987年对国内的文献计量学研究状况及特征进行了归纳,将其划分为1979—1982年为起始阶段,1983—1987年为初级发展阶段,并认为其发展呈现出阶段性、不平衡性、偏重理论方法的研究、教育起步较快等特征(邱均平,1987)。2003年,邱均平重新对我国文献计量学发展阶段予以划分。在原有前两个阶段基础上划分出第三个阶段,即全面发展阶段(1988—2000年)。此阶段在科技管理和科学评价领域取得诸多标志性成果,包括建立了"中国科技论文与引文数据库"、利用美国SCI排出了我国主要大学发表论文的名次、相继出版了《文献计量学》等专著或教材等(邱均平等,2003)。2009年,范全青等(2009)从1979—2008年共收集了6 653篇国内文献计量学研究成果作为研究对象,将30年来文献计量学的发展划分为1979—1983年介绍推广期、1984—1989年普及应用期和1990—2008年全面发展期。任全娥(2020)通过汇总统计历年数据,得到了1979—2019年的文献计量研究的发文量变化情况,并将该时期的文献计量研究分为产生与初步发展阶段(1979—1989年)、繁荣与全面发展阶段(1990—1999年)、拓展与应用发展阶段(2000—2009年)、突破与转型发展阶段(2010—2019年)。同时,任全娥运用知识图谱文献计量分析软件CiteSpace,对这四个阶段的作者群体变迁及学科演进脉络进行可视化分析,形象地呈现出我国文献计量学四十年来的发展轨迹和特点。

1.3 文献计量学在新型肥料研究方面的作用

利用文献计量学方法,可深入分析新型肥料研发及应用研究现状与演化。针对不同种类的新型肥料，中文文献来源于中国知网的中文学术期刊和学位论文出版总库，英文文献以 ISI Web of Science 核心合集数据库为基础数据来源。对于缓控释肥、生物炭基肥、水溶肥等新型肥料，通过检索主题关键词，去除不相关文献，获得检索结果。

在新型肥料研究的总体现状方面，可分阶段分析相关论文的发文量变化，以及不同年份和时间段论文发表的增长与下降情况。能够对新型肥料研究领域强势研究机构进行挖掘，了解相关领域有实力的科研机构在新型肥料研发方面的总体表现。同时，可以分析国内外期刊发表相关论文情况，弄清当前主流期刊在该领域的发表情况。

在新型肥料研究的热点分析方面，利用共现分析法将一对词语在同一文献中出现的数量进行两两统计，并以此来度量二者的亲疏程度，以便更好地了解领域研究的进程，选取中英文文献数据中每个时间切片中关键词绘制共现图谱，若共现网络中关键词与关键词之间交错纵横，说明新型肥料的研究所涉及的领域较广。同时，可对国内外研究文献进行关键词分析，获得最高频关键词。开展共现网络的聚类分析，以共现强度为基本计量单位，对特定的关键词共现集合进行分类聚合的定量处理技术，将联系紧密的节点划分为不同的节点子群，并且依据相关网络指标定量计算出子群与子群之间的距离，距离大小体现了联系程度，进而生成某研究领域的共现网络聚类图，从而进一步攫取共现网络中的信息。对新型肥料文献中的关键字共现网进行聚类分析，可以得到相应的可视化视图。关键词共现网络聚类图中节点代表关键词，节点与节点之间若有连线，则表示同为某文献的关键词。图中聚类标签算法从标题、关键词和摘要中抽取得到。网络的模块化是一种对其总体结构的全局性度量，而模块化 Q 值和平均轮廓值则是评价整个网络结构性能的两项重要指标（陈悦等，2015；张亚如等，2018）。进一步由关键词聚类图谱结果可知，新型肥料文献关键词共现网络共形成若干个聚类，标识了该研究领域的知识基础结构及其动态演进的过程。

在新型肥料的演化趋势研究方面，利用时间线视图将每一个聚类类别的文献按时间顺序从左到右依次排列出来，直观反映了各个研究热点随时间的演变情况，可展现各聚类发展演变的时间跨度和研究进度。分析共现网络聚类结果的时线视图，以引文发表年份为 X 轴、聚类编号为 Y 轴，在每个聚类中，可以清楚地获得文献的情况，在该聚类中，文献的数量越多，表明所获得的聚类领域就越重要（冯璐和冷伏海，2006；刘彬和陈柳，2015）。为验证新型肥料研究热点的识别结果，分析研究趋势，可提取该研究领域的突现词进行分析，显示出文献中位于前列的突现词，可分析不同时间阶段学者关注的重点和热点的变化趋势。

参考文献

陈悦，陈超美，刘则渊，等，2015. CiteSpace 知识图谱的方法论功能 [J]. 科学学研究，33（2）：242-253.

丁文成，何萍，周卫，2023. 我国新型肥料产业发展战略研究 [J]. 植物营养与肥料学报，29（2）：201-221.

凡庆涛，谢海涛，2019. 我国图情领域部分文献计量学者研究领域综述 [J]. 情报探索（9）：128-134.

范全青，郭维真，凤元杰，2009. 我国文献计量学研究 30 年之发展 [J]. 情报资料工作（3）：30-33，60.

冯璐，冷伏海，2006. 共词分析方法理论进展 [J]. 中国图书馆学报（2）：88-92.

冯尚善，2022. 新型肥料产业现状分析与发展展望 [J]. 磷肥与复肥，37（7）：9-11.

古丽皮叶·艾乃吐拉，2016. 我国肥料的使用现状及新型肥料的发展 [J]. 农业与技术，36（10）：14.

金波，2020. 水溶肥发展现状和存在问题的研究 [J]. 盐科学与化工,49(11):1-2,7.

李冬,曹超喜,江龙堤,等,2016.叶面肥的特点及施用[J].湖北植保(5):63-64.

刘彬,陈柳,2015.基于WOS和Citespace的华中农业大学基础研究状况分析[J].中国科学基金,29(1):42-47.

刘旭杰,严旖旎,单海勇,等,2024.我国新型肥料产业现状与发展展望[J].磷肥与复肥,39(2):1-5.

齐明阳,王秀峰,冯文博,等,2023.不同纳米材料在纳米肥料上的应用研究进展[J].肥料与健康,50(2):1-5,23.

邱均平,1987.我国文献计量学的研究和发展[J].情报学报,6(6):466-472.

邱均平,段宇锋,陈敬全,等,2003.我国文献计量学发展的回顾与展望[J].科学学研究(2):143-148.

任全娥,2020.我国文献计量学研究40年:基于知识图谱的回顾与展望[J].信息与管理研究(4):16-31.

王洪记,2000.CO_2气体肥料的几种生产方法[J].中小企业科技(8):16-17.

王晓玲,赵泽州,任树鹏,等,2022.生物炭基肥在我国的制备和应用研究进展[J].中国土壤与肥料(1):230-238.

阎巨光,2016.缓控释肥料发展历程、现状及未来趋势[J].农业开发与装备(12):45,162.

张亚如,张俊飚,张昭,2018.中国农业技术研究进展:基于CiteSpace的文献计量分析[J].中国科技论坛,9:113-120.

张志国,丁洪,张玉树,2009.新型专用肥对菜豆生理活性、生物量及养分利用率的影响[J].水土保持研究,16(3):174-177.

郑利杰,王波,2017.我国商品有机肥发展瓶颈及策略研究[J].环境与可持续发展,42(3):38-41.

周麟笔, 马关鹏, 赵大芹, 等, 2022. 微量元素肥对耐抽薹大白菜制种产量的影响 [J]. 农技服务, 39 (4): 19-21.

周璇, 沈欣, 辛景树, 2020. 我国微生物肥料行业发展状况 [J]. 中国土壤与肥料 (6): 293-298.

周子番, 邱均平, 魏开洋, 2021. 从文献计量学到"五计学": 计量学方法的演化与发展 [J]. 情报杂志, 40 (10): 171-178.

BHARDWAJ D, ANSARI M W, SAHOO R K, et al., 2014. Biofertilizers function as key player in sustainable agriculture by improving soil fertility, plant tolerance and crop productivity [J]. Microbial Cell Factories, 13 (1): 66.

第二章 缓控释肥研发及应用研究现状与演化

2.1 缓控释肥概述

缓释肥,也就是所谓的长效化肥,它在施用到土壤中后,会以较慢的速度将其转化为植物的有效营养,可以满足作物生长所需的营养。从广义上讲,缓控释肥就是指能够延长作物对营养物质的吸收周期,延迟营养物质的释放,达到对肥料养分缓慢或控制释放的目的。但在实际应用中,缓控释肥的释放速率、释放模式、释放周期等是比较难掌握的,而且还会受到化肥施用方法及环境因素的影响。从狭义的角度来看,控释肥与缓释肥有着各自的区别。控释肥是指利用多种机制措施,在作物生长期内预先设置好化肥的释放规律,实现对作物营养物质的有效利用。美国农作物营养学会(AAPFCO)对缓释和控制释放肥料的定义为:所含养分形式在施肥后能延缓被作物吸收与利用,其所含养分比速效肥具有更长肥效的肥料(Qiao et al., 2016; Wu et al., 2008)。

缓控释肥性能显著(表2-1),具体表现在以下5个方面。

①农作物生长季一般为3~4个月,缓控释肥的养分释放可涵盖作物整个生长周期,可满足作物生长各时期对肥料的需要,从而提高作物的生长发育和产量质量(史万杰等,2020)。

②缓控释肥能够实现养分的持续释放,从而达到降低化肥施用频次,降低了生态环境污染的潜在风险,提高肥料利用率

(Andrade et al., 2021)。

③缓控释肥具有调控土壤养分和水分运移的作用,能够有效改善土壤肥力状态 (Kammann et al., 2015)。

④缓控释肥可避免大量养分在根系聚集导致的养分浓度过高及烧苗问题,促进作物生长发育(王娟等,2024)。

⑤缓控释肥能够简化施肥管理流程,无需频繁追加肥料,降低了肥料施用量,减少劳动力投入,进而提升生产效率(刘兆辉等,2018)。

表2-1 缓控释肥总体作用概述

作用方面	特点	效果
作物营养吸收	养分可包含作物的生长周期,满足作物不同生长阶段肥料的需求,提供持续的养分供给	提高作物产量
肥料利用率	调控养分释放速度,减少了肥料用量和施肥频率,有利于减少养分淋失	提高肥效及减少污染
土壤肥力状况	改善土壤物理化学性状,改善土壤的保水、释水性能,增加土壤养分的有效性	土壤改良与培肥
根部养分浓度	解决单次施肥过多,引起根系周围盐分浓度过高而出现的抑制作用	减少"烧苗"现象
田间管理效率	减少肥料追加次数,提高生产效率,节省田间劳作时间和劳动力	简化管理及提高效率

2.2 缓控释肥的研发与作用效果

2.2.1 缓控释肥的研发

现今的缓控释技术包含化学或物理反应、水凝胶、装载等类别,由此研制出化学型缓控释肥、物理包膜型缓控释肥、水凝胶型缓控释肥、装载基体型缓控释肥(表2-2)。其中,化学型缓控释肥是指通过加成、聚合或缩聚等化学手段,促使传统肥料与聚合物进行反应,将养分离子引入较为复杂的高分子聚合物内,形成一种缓控释肥料。该肥料利用高分子材料的降解作用，实现对养分释放的调控（Chen et al.，2010；Yamamoto et al.，2016；杨俊英，2023）。物理包膜型缓控释肥，主要指无机包膜肥料与有机（天然高分子或合成有机高分子）包膜型肥料。该类肥料常常借助加热、喷涂等物理方式来制备，呈现出"核壳式结构"。通常是以单颗或者多颗传统肥料为核心，在其表面包覆一层或者若干层具备缓控释功能的薄膜材料，从而降低肥料在土壤中的养分释放速率，以提升肥料的养分利用效率（Ibrahim et al.，2016；Ramli et al.，2019；范东升等，2020；王超等，2020；Kurmanbayeva et al.，2021；陈冠霖等，2021；Eddarai et al.，2022；肖晨星等，2023；Fonseca et al.，2023）。水凝胶是一种新型的交联型高分子聚合物，其内部含有大量的亲水性官能团，能够有效地吸附并保持水分。同时，其独特的三维网络结构可作为封装肥料的复合材质，在渗透压力作用下，通过水分的作用，实现养分的缓慢释放，并不断地向植株提供水和营养物质，因此，近些年来，国内外学者开展了许多关于水凝胶材料的研究，并开发出了多种新型的水凝胶控释肥（Ahmed，2015；Li et al.，2015；Song et al.，2020；徐祖婧，2023）。对于装载基体型缓控释肥而言，它通过层状氢氧化物基、沸石基等基体类型，使养分离子可以通过层状氢氧化物之间的离子交换嵌入其层间空间（Zhu et al.，2023；Chojnacka et al.，2020）。

表2-2 缓控释肥的研发工艺

类型	代表性产品	关键工艺	作用特点
化学型	脲甲醛类	利用加成、聚合或缩聚等化学方式，将养分离子引入复杂的高分子聚合物	养分释放主要依赖于土壤微生物活性，受土壤温湿度影响波动较大，肥料难以在复杂土壤环境中长期释放养分

(续表)

类型		代表性产品	关键工艺	作用特点
物理包膜型	无机包膜肥料	硫、膨润土、沸石	通过黏结剂将无机包膜材料粘在传统肥料表面,调节包膜用量控制养分的溶出时间	材料的来源广泛、易制取、成本低、环境友好,在运输和施用过程中易破损
	天然高分子包膜型肥料	壳聚糖、淀粉、纤维素、海藻酸钠、腐植酸等包膜型肥料	在传统肥料表面裹天然高分子有机包膜材料	易分解、缓释性能弱,不能满足全生育期生长需求,需要改性或联合其他物质使用
	合成有机包膜型肥料	聚氨酯、聚丙烯、酚醛树脂、环氧树脂等	在传统肥料表面包裹合成高分子包膜材料	成膜性好、耐磨性强、黏附性好和结构稳定,但难以被土壤微生物降解,可溶于有机溶剂
水凝胶型	天然	多肽、淀粉、纤维素、壳聚糖、明胶、大豆分离蛋白	天然水凝胶材料作为一种交联聚合物,作为封装肥料的复合材料,养分在渗透压下随水缓慢释放	相对较长的养分缓释周期,具有可溶胀的松弛网络,保水性好
	合成聚合物	丙烯酰胺、丙烯酸、甲基丙烯酸等	封装肥料的复合材料为合成聚合物	
	天然合成聚合物	由合成材料和天然/无机材料制备		
装载基体型		层状氢氧化物基、沸石基、黏土基	通过吸附或离子交换,将养分嵌入层间空间,或在多孔结构中容纳阳离子	养分离子载荷含量不一,效率有待提高

2.2.2 缓控释肥的作用机理

缓控释肥的养分释放机制主要包含以下3个方面。

①缓控释肥带有微孔不渗透膜,在土壤溶液里,养分会从膜层

的微孔中逐渐溶出，溶出的速率由膜材料的性质、膜的厚度、肥料的特性以及加工条件等决定（Fertahi et al., 2021）。

②缓控释肥没有渗透膜，主要凭借物理、化学、生物等作用力破坏颗粒来释放养分（Fertahi et al., 2020；Lubkowski et al., 2020；Elassimi et al., 2022）。

③缓控释肥具有半渗透性膜层，土壤水分会扩散到膜层内部，致使内部渗透压把膜层胀破或者让膜层扩张到具有充足的渗透性进而释放养分（An et al., 2017；Lu et al., 2020）。

缓控释肥料的养分释放遵循以下机制：缓控释肥施入土壤后，会因土壤环境温度、pH、水分以及土壤微生物等因素而刺激包覆肥料的膜产生局部崩裂；在土壤水、土壤微生物与光热等的持续作用下，肥料包膜继续瓦解，进而易于吸收水分且养分容易溶出；其中的氮、磷、钾及微量元素等在渗透作用和离子交换作用之下，进入土壤并逐渐被植物摄取；一段时间后，在植物根系、土壤微生物以及光热等条件的共同作用下，缓控释肥的团聚体最终解体并释放所有的营养物质（刘永红等，2023）。

包膜型缓释肥料的养分的缓释阶段包括滞后期、恒速释放期和衰退期3个时期（Lawrencia et al., 2021）。在第一个阶段：水分通过外膜表面进行吸附、渗透或通过外膜孔隙、裂隙等途径进入肥核，并溶解少量肥料，蒸汽压梯度是这一过程的驱动力量。当外膜为水凝胶材料时，肥料将在这个时期吸收水分膨胀，滞后期的长度可能是因为临界水量充满内部空隙所需的时间，也可能是进入水量和溶质流出水量之间达成平衡所需的时间。第二个阶段，当水分持续浸润时，较多的肥心由于吸水而溶出，其内部的渗透压力也随之增加，当饱和溶液逐步累积到临界值时，营养物质就会从膜的裂隙中渗出来。在这一时期，肥料中的溶液浓度一直处于饱和状态，所以向外界释放养分的速度基本是恒定的。按照材料性能与渗透压的关系，第三个阶段分为两种情况（Basu et al., 2010）：第一种情况是外膜材料的阻力十分强，能够承受饱和肥水溶液的渗透压，此时养分会像第二阶段一样缓慢溶出，一直到养分全部耗尽，这个过程的动力为浓度差或者压力差，该机制被称为"扩散机制"，在这种情况下，肥料的养分释放特性曲线为"S"形；第二种情况是当渗透压超过膜外膜所能承受的极限时，会导致涂层材料破裂并释放出肥料养分，这一机制称作"破裂机制"，这类肥料的养分释放特性曲线呈倒"L"形。"S"形释放曲线的释放特征与植物养分需求特征相符，是研究者们通过调节配方而实现的目标（Irfan et al.，2017）。

2.2.3 缓控释肥的作用效果

缓控释肥料可以使化肥的利用率最大化，减少不必要的养分流失和对环境的污染，还具有省肥省工、增产增收、改善生态环境、防止因化肥过量而引起的秧苗烧毁等优势。作为一种农资产品，同时也是一种环保产品，被誉为"二十一世纪的肥料"，是当前肥料界最具研究开发前景的一种新型肥料。

（1）不同缓控释肥对作物苗期生长的影响

利用不同包膜缓控释肥，分析其对作物（花生）苗期地上部生长发育的影响（图2-1）。施加10%尿素含量的海藻酸钠/尿素微球的花生比施加乙二醛改性壳聚糖包膜尿素颗粒的花生，植株高，叶片数多，长势较好。花生的净光合作用中（表2-3）。4种缓释肥处理相比对照有促进作用，施用乙二醛改性壳聚糖包膜尿素处理增长46.7%，施用10%尿素含量海藻酸钠/尿素微球氮肥处理增长58.10%，施用20%尿素含量海藻酸钠/尿素微球氮肥处理增长20.95%。从株高看，与单一尿素氮肥相比乙二醛改性壳聚糖包膜尿素处理株高增加19.5%，施用10%尿素含量海藻酸钠尿素微球氮肥处理增加19.1%。但是，戊二醛改性壳聚糖包膜尿素氮肥处理降低16.2%，施用20%尿素含量海藻酸钠尿素微球氮肥处理降低7.2%。

图 2-1 施用不同缓控释肥下作物（花生）茎叶长势比较

注：1. 20%海藻酸钠包膜微球；2. 15%海藻酸钠包膜微球；3. 10%海藻酸钠包膜微球；4. 乙二醛改性壳聚糖包膜；5. 戊二醛改性壳聚糖包膜；6. 对照（单一尿素）。

表 2-3 不同缓控释肥对作物（花生）苗期地上部的影响

处理	净光合速率/ (μmol $CO_2 \cdot m^{-2} \cdot s^{-1}$)	株高/ cm	侧枝长/ cm
对照（单一尿素）	10.5	10.5	3.2
戊二醛改性壳聚糖包膜	10.4	8.8	3.0
乙二醛改性壳聚糖包膜	15.4	12.6	3.5
10%海藻酸钠包膜微球	16.6	12.5	7.0
15%海藻酸钠包膜微球	14.9	16.5	1.5
20%海藻酸钠包膜微球	12.7	9.8	4.5

表2-4结果表明，对照单一尿素条件下花生苗期根系总长度最长，施用戊二醛改性壳聚糖包膜尿素根系总长度比单一尿素降低55.05%，乙二醛改性壳聚糖包膜尿素根系总长度降低40.58%，10%尿素含量的海藻酸钠/尿素微球根系总长度降低22.70%，20%尿素含量的海藻酸钠/尿素微球根系总长度降低18.20%。对照单

一尿素的根系总表面积最大，戊二醛改性壳聚糖包膜尿素根系总表面积比单一尿素的花生降低55.93%，乙二醛改性壳聚糖包膜尿素根系总表面积降低49.15%，10%尿素含量的海藻酸钠/尿素微球根系总表面积降低39.01%，20%尿素含量的海藻酸钠/尿素微球根系总表面积降低11.86%。从根系总体积看，施用戊二醛改性壳聚糖包膜尿素根系总体积比施加单一尿素的花生降低55.81%，施加乙二醛改性壳聚糖包膜尿素根系总体积降低68.56%，10%尿素含量的海藻酸钠/尿素微球根系总体积降低60.34%，20%尿素含量的海藻酸钠/尿素微球根系总体积降低16.71%。从根尖数来看，施用戊二醛改性壳聚糖包膜尿素根系总根尖数比单一尿素的花生降低12.43%，乙二醛改性壳聚糖包膜尿素根系总根尖数降低30.30%，10%尿素含量的海藻酸钠/尿素微球根系总根尖数降低5.70%，20%尿素含量的海藻酸钠/尿素微球根系总根尖数增长8.27%。

表2-4 不同缓控释肥对作物苗期地下部的影响

处理	总长度/cm	总表面积/cm^2	总体积/cm^3	根尖数/个
对照	727.3	118.4	3.53	1 175
戊二醛改性壳聚糖包膜	325.2	52.2	1.56	1 029
乙二醛改性壳聚糖包膜	431.9	60.2	1.11	819
10%海藻酸钠包膜微球	562.0	72.0	1.40	1 108
15%海藻酸钠包膜微球	521.3	72.2	1.73	1 196
20%海藻酸钠包膜微球	594.7	104.4	2.93	1 281

（2）缓控释肥对作物养分吸收及生长发育的促进效果

缓控释肥能够有效促进作物的养分吸收及生长发育（表2-5）。杨虎晨等（2023）利用木质素/环氧树脂基双层包膜尿素发现，包膜尿素28 d的累积氮素释放率为62.26%，有效提高了香蕉幼苗的株高、茎粗、鲜重、干重多项指标，同时提高了肥料的氮素利用率。孟翠萍等（2023）利用蓖麻油基聚氨酯包衣尿素发现，大颗粒缓释氮肥 56 d 的氮素释放率达到 82%。花生的生物试验表明，缓释氮肥在中后期氮释放量逐渐增多，从而提高花生根系活力，提高肥料利用率，增强叶绿素合成能力，进而促进植株生长及干物质积累。Lu 等（2020）利用蓖麻油基聚氨酯包衣磷酸二铵发现，包衣缓释磷肥和普通磷肥混施可以将玉米的产量提高 8%~23%，肥效提高 24%~85%。

Bi 等（2024）利用生物炭包衣尿素发现，处理增加了小白菜的叶绿素含量、株高、最大叶长和最大叶宽等生物学性状。与对照相比，小白菜鲜重增加 14.02%，根冠比和硝酸盐含量分别降低 19.1%和 46%，且处理有效增加土壤有机质含量，减少硝态氮、交换性钙和镁的淋失，有效提高氮素利用效率。FatimaZahra 等（2022）利用甲基纤维素/木质素生物复合材料包膜磷肥发现，包膜磷肥养分释放持续时间均大于 30 d，且提高了肥料的机械阻力，以及土壤的保水能力，同时在提高小麦叶面积、叶绿素含量和生物量、根系构型和结果效率方面有潜力和效果。

表 2-5　缓控释肥处理对作物的影响效果

研究人员	年份	对作物的影响效果
Bi 等	2024	制备生物炭包衣尿素，小白菜鲜重增加 14.02%，根冠比和硝酸盐含量分别降低 19.1%和 46%，增加土壤有机质含量，减少硝态氮、交换性钙和镁的淋失，提高氮素利用效率
杨虎晨等	2023	制备木质素/环氧树脂双层包膜尿素，增加肥料的氮素利用率，提高了香蕉幼苗的株高、茎粗、鲜重、干重等
孟翠萍等	2023	制备蓖麻油基聚氨酯包衣尿素，缓释氮肥在中后期氮释放量逐渐增多，提高花生中后期根系活力，提高肥料利用率，增强叶绿素合成能力
Fatima-Zahra 等	2022	制备甲基纤维素/木质素生物复合材料包膜磷肥，提高了肥料的机械阻力，提高了土壤的保水能力。在提高小麦叶面积、叶绿素含量和生物量、根系构型和结果效率方面有显著潜力
Lu 等	2020	制备蓖麻油基聚氨酯包衣磷酸二铵，包衣缓释磷肥和普通磷肥混施可以将玉米的产量提高 8%~23%，肥效提高 24%~85%

2.3 缓控释肥研究的总体现状

缓控释肥的中文文献来源于中国知网的中文学术期刊和学位论文出版总库，英文文献为 ISI Web of Science 核心合集数据库。检索到 CNKI 期刊论文共 1 749 篇，CNKI 学位论文共 493 篇、WoS 核心合集英文论文共 5 099 篇。如图 2-2 所示，CNKI 期刊关于缓控释肥的首篇期刊论文在 1992 年发表。CNKI 期刊论文自 1992 年至 2011 年急剧上升，其中 2011 年发文量最多，达到了 125 篇，说明这一时期国内对于缓控释肥的研究处于鼎盛时期；2011 年以后缓控释肥期刊论文发表数量随着时间的增长呈现下降趋势，随后便呈现平稳式波动趋势。CNKI 中学位论文的数量随年份的增加呈波动上升趋势，有关缓控释肥的学位论文数量在 2022 年最高，达到 41 篇。WoS 核心合集中关于缓控释肥的首篇期刊论文在 1948 年发表，

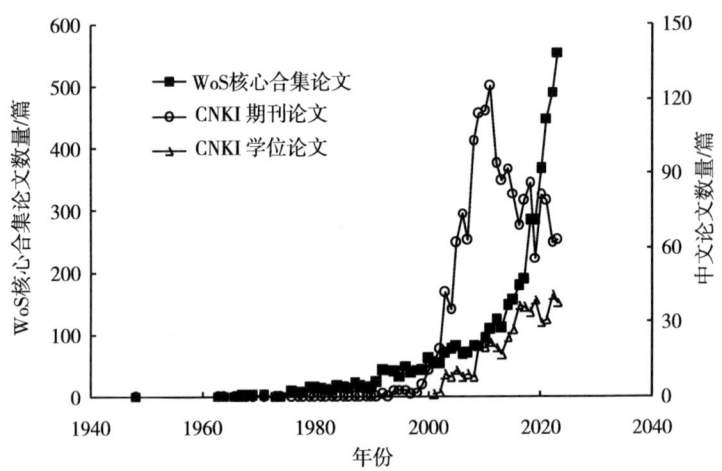

图 2-2 缓控释肥研究论文随时间分布

总体上发文量随时间的增长大体呈现出不断上升的趋势，2013—2023年这一阶段，有关缓控释肥的发文量急剧上升，英文论文数量在2023年最高，达到555篇。

对研究机构的分析可以对国内缓控释肥研究领域强势研究机构进行挖掘，CNKI数据库中缓控释肥研究期刊论文和学位论文发表数量前10位的研究机构如表2-6所示。期刊论文和学位论文发表机构均显示，在缓控释肥研究领域的主要研究机构为农林类科研机构，中文期刊论文发文量较多的第一单位研究机构分别为山东农业大学和中国科学院，学位论文发文量超过20篇的有5个高校，其中山东农业大学发表学位论文101篇，在缓控释肥研究领域成果斐然。WoS核心合集缓控释肥发表论文数量前10位的研究机构，来自我国的机构有3个，其中中国科学院发表265篇，显示了中国在缓控释肥研究领域的科研实力。

表2-6 缓控释肥研究机构分布

编号	期刊论文 第一单位	数量	学位论文 研究机构	数量	WoS论文 研究机构	数量
1	山东农业大学	117	山东农业大学	101	State University System of Florida	283
2	中国科学院	90	西北农林科技大学	34	University of Florida	271
3	华南农业大学	74	扬州大学	24	Chinese Academy of Sciences	265
4	北京市农林科学院	64	中国农业科学院	21	Ministry of Agriculture & Rural Affairs	167
5	江西省农业科学院	64	南京农业大学	20	United States Department of Agriculture	152
6	沈阳农业大学	42	湖南农业大学	17	Shandong Agricultural University	135
7	湖南工业大学	41	华中农业大学	15	Chinese Academy of Agricultural Sciences	107
8	广东省农业科学院	35	沈阳农业大学	13	Egyptian Knowledge Bank	105

(续表)

编号	期刊论文		学位论文		WoS 论文	
	第一单位	数量	研究机构	数量	研究机构	数量
9	西南大学	34	安徽农业大学	11	Indian Council of Agricultural Research	96
10	山东省农业科学院	33	甘肃农业大学	11	Empresa Brasileira de Pesquisa Agropecuaria	89

缓控释肥 CNKI 期刊论文共发表在 232 个中文期刊中，发表论文数量前 10 位的期刊如表 2-7 所示，基本以农林类期刊为主，发文量超过 100 篇的期刊有 2 个，分别为《植物营养与肥料学报》《水土保持学报》等期刊，显示了该研究领域发表论文较高的研究水平。WoS 核心合集英文论文共发表在 1 126 个国际期刊上，发表论文数量最多为 *Hortscience*、*Science of the Total Environment*。

表 2-7 缓控释肥研究文献期刊分布

编号	中文期刊		英文期刊	
	名称	论文数量	名称	论文数量
1	植物营养与肥料学报	154	*Hortscience*	193
2	水土保持学报	109	*Science of the Total Environment*	121
3	中国土壤与肥料	87	*Communications in Soil Science and Plant Analysis*	115
4	土壤通报	75	*Journal of Plant Nutrition*	91
5	中国农学通报	57	*Agronomy-Basel*	91
6	农业工程学报	54	*Agronomy Journal*	86
7	中国农业科学	51	*Journal of Cleaner Production*	82
8	安徽农业科学	45	*Horttechnology*	75
9	广东农业科学	44	*Journal of Agricultural and Food Chemistry*	70
10	北方园艺	43	*Nutrient Cycling in Agroecosystems*	68

2.4 缓控释肥研究的热点分析

利用共现分析法更好地了解领域研究的热点情况,选取中英文文献数据中每个时间切片(1年)中关键词绘制共现图谱。由图2-3可以看出,共现网络中英关键词与关键词之间交错纵横,说明国内对缓控释肥的研究所涉及的领域较广。对国内外缓控释肥的研究文献进行关键词分析,获得最高频关键词如表2-8所示。国内缓控释肥研究关注热点是产量(582)、控释肥(255)、缓释肥(207)、品质(178)、水稻(157)等。国际缓控释肥研究关注热点是 nitrogen(558)、soil(537)、fertilizer(485)、growth(485)、slow release(433)等。国内外缓控释肥领域研究关注的热点整体相似,也有不同之处。总体而言,国际缓控释肥的内容主要集中在缓控释肥对作物生长以及产量的影响。

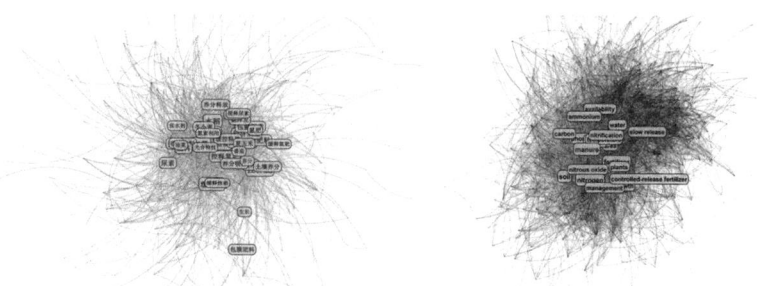

图 2-3 缓控释肥文献数据的关键词共现网络

表 2-8 缓控释肥文献数据的高频关键词

编号	中文		英文	
	关键词	频次	关键词	频次
1	产量	582	nitrogen	558
2	控释肥	255	soil	537

(续表)

编号	中文		英文	
	关键词	频次	关键词	频次
3	缓释肥	207	fertilizer	485
4	品质	178	growth	485
5	水稻	157	slow release	433
6	控释尿素	112	yield	393
7	玉米	94	water	370
8	控释氮肥	93	urea	316
9	缓释肥料	77	controlled release	302
10	经济效益	67	management	296

对缓控释肥文献中的关键词共现网进行了聚类分析，得到相应的可视化视图。由图2-4结果显示，缓控释肥中文文献关键词共现网络共形成11个聚类，标识了该研究领域的知识基础结构及其动态演进的过程。Q值 0.417 8（>0.3）表示聚类是有效的，平均轮廓

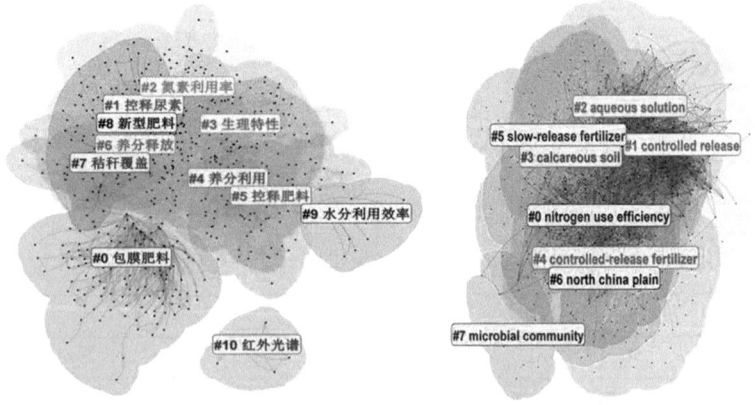

图 2-4 缓控释肥文献数据的关键词聚类图谱

值 0.767 6 表明结果是可信的。聚类#0、#1、#2、#3、#4、#5、#6、#7、#8、#9 交互叠错、联系较紧密,主要聚焦于缓控释肥料养分释放、利用率以及生理特性等。WoS 核心合集文献结果显示,缓控释肥英文文献关键词共现网络共形成 7 个聚类,标识了该研究领域的知识基础结构及其动态演进的过程。Q 值 0.401 3（>0.3）表示聚类是有效的,平均轮廓值 0.722 7 表明结果是可信的。聚类彼此之间纵横交错、联系紧密,当前研究人员普遍研究的是缓释氮肥,因此国际主要聚焦于缓控氮肥的控释效果以及氮利用率等问题。

2.5 缓控释肥研究的演化趋势

图 2-5 是缓控释肥论文样本关键词时间线视图,展现了各聚类发展演变的时间跨度和研究进度,总体上文献的数量越多,表明所获得的聚类领域就越重要。在 CNKI 数据库中,从 1994 年开始,出现了较早的关于缓控释肥的研究文献,高频关键词产量（0.34）、控释肥（0.31）、缓释肥（0.27）等的中介中心度>0.1,这些词往往为连接不同领域的关键枢纽。由图 2-5 可以看出,从

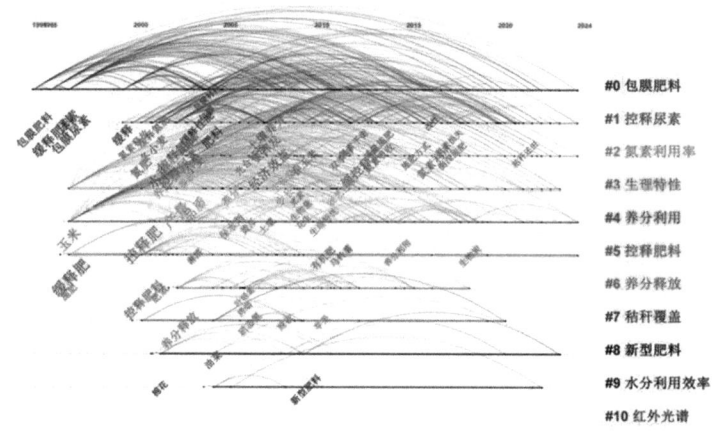

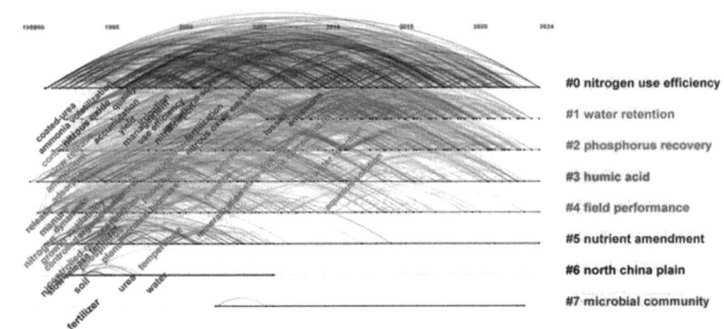

图 2-5 缓控释肥文献数据的关键词时间线图谱

#0 到 #4 聚类的数据数量都是相对较多的,这说明了这些聚类领域的重要性,并且时间跨度都很大。在 WoS 核心合集英文数据库中,#0 nitrogen use efficiency、#1 water retention、#2 phosphorus recovery、#3 humic acid、#4 field performance 这 5 个聚类中引线较多,说明这 5 个聚类中文献较多,显示了这些聚类领域很重要,且时间跨度较大。可以说,这几组标识词基本概括了国际缓控释肥的主要研究方向及演变,代表了研究热点的发展情况和结构变化情况。

为验证缓控释肥研究热点的识别结果,分析研究趋势,提取缓控释肥领域的突现词进行分析(表 2-9)。中文文献中前 20 个突现词中,1994—2002 年,学者们关注包膜肥料、控释肥料、养分释放以及肥效等问题,这一时期缓控释肥逐渐进入肥料市场,受到了学者们的关注;2008—2017 年,学者们主要研究缓控释氮肥的氮素吸收利用率、缓控释肥应用于作物的效果等问题;2018—2022 年,学者们着眼于施肥方法以及经济效益等问题。除此之外,氮素利用、缓控释肥、生物炭等自出现至今仍为热门的关键词,是缓控释肥领域的前沿热点,说明我国目前提倡施用绿色高效肥料,且学者仍持续关注缓控释肥领域的热点,以期能够研究出更加适合作物生长的缓控释肥料。英文文献早期学者们关注 mineral nutrition、growth、soil、nitrogen、plant 等，表明国际学者早期主要研究无机氮肥对作物生长以及土壤环境的影响，并且这一时期突现词的突现时间段持续时间较长；后期国际学者着眼于缓控释肥以及氮磷钾复合肥料的应用；2015—2021 年，学者们主要关注小麦秸秆、聚合物缓控释肥的生产制造，说明国际学者们近年来对缓控释肥的用料逐渐着眼于绿色高效。综合国内外期刊论文突现词分析，国内外近年来对于缓控释肥的研究，重点在于原料无毒无害、绿色高效、可持续性农业发展。

表 2-9 缓控释肥文献数据的突现词

中文突现词	年份	强度	开始年份	结束年份	英文突现词	年份	强度	开始年份	结束年份
包膜肥料	1994	6.38	1994	2010	mineral nutrition	1992	7.79	1992	2014
包膜尿素	1996	6.05	1996	2011	growth	1991	13.7	1993	2008
控释肥料	2000	12.56	2000	2010	soils	1993	8.79	1993	2010
肥效	2001	11.96	2001	2008	nitrogen	1990	16.9	1994	2013
养分释放	2002	5.94	2002	2007	plants	1995	13.62	1995	2015
普通尿素	2008	4.12	2008	2011	decomposition	1995	8.09	1995	2016
马铃薯	2011	4.49	2011	2016	nitrification	1999	7.7	1999	2015
硝态氮	2006	4.11	2011	2012	biodegradation	1999	7.41	1999	2008
氮素吸收	2013	5.31	2013	2018	controlled-release fertilizer	1993	11.24	2000	2005
新型肥料	2009	4.22	2015	2017	seedlings	2000	7.96	2000	2012
氮素利用	2016	5.52	2016	2024	controlled release fertilizers	1993	13.67	2001	2016
小麦	2003	5.41	2016	2019	phosphorus	1994	9.07	2001	2012
春玉米	2009	4.24	2016	2024	mineralization	2002	13.67	2002	2016
缓释尿素	2001	5.09	2017	2019	crude oil	2003	7.45	2003	2012

(续表)

中文突现词	年份	强度	开始年份	结束年份	英文突现词	年份	强度	开始年份	结束年份
生物炭	2018	4.44	2018	2024	soil	1993	8.09	2005	2009
减量施肥	2013	4.12	2018	2022	NPK compound fertilizer	2008	7.36	2008	2018
缓控释肥	2012	10.6	2019	2024	wheat straw	2013	6.92	2015	2019
侧深施肥	2017	5.6	2020	2024	polymer	2008	7.82	2018	2020
经济效益	2007	4.92	2020	2022	fabrication	2020	8.77	2020	2022
缓释肥	1996	5.93	2022	2024	sustainable agriculture	2016	8.83	2021	2024

参考文献

陈冠霖，赵其国，Danso Prince Ofori，等，2021. 包膜型缓/控释肥料研究现状及其在功能农业中的应用展望 [J]. 肥料与健康，48（3）：1-6.

范东升，赵彦梁，燕子红，2020. 缓控释肥有机包膜材料的研究进展与趋势 [J]. 喀什大学学报，41（6）：37-41.

刘永红，郑文涛，张晋天，等，2023. 缓/控释肥研究进展及其应用 [J]. 华中农业大学学报，42（4）：167-176.

刘兆辉，吴小宾，谭德水，等，2018. 一次性施肥在我国主要粮食作物中的应用与环境效应 [J]. 中国农业科学，51（20）：3827-3839.

孟翠萍，2023. 新型大颗粒缓控释肥料的制备及在花生种植的应用 [D]. 青岛：青岛科技大学.

史万杰，熊海蓉，文祝友，等，2020. 缓/控释肥研究现状及发展趋势 [J]. 河南化工，37（8）：8-11.

王超，杨子明，焦静，等，2020. 包膜控释肥及其膜材的研究

进展 [J]. 高分子通报（9）：37-42.

王娟，陈萍，贺萌萌，等，2024. 缓控释肥对青贮玉米干物质积累、产量、品质及肥料利用率的影响 [J]. 中南农业科技，45（7）：24-29.

肖晨星，高璐阳，马志明，等，2023. 包膜控释肥料研究进展 [J]. 肥料与健康，50（2）：6-10.

徐祖婧，2023. 纤维素基水凝胶材料在缓控释肥中的应用研究 [D]. 贵阳：贵州大学.

杨虎晨，韦少奇，梁嘉敏，等，2023. 绿色木质素/环氧树脂基双层包膜尿素的研制及对香蕉幼苗生长的影响 [J]. 中国土壤与肥料（12）：242-252.

杨俊英，2023. 缓控释肥的研究进展及展望 [J]. 山东化工，52（21）：109-111.

AHMED E M, 2015. Hydrogel: preparation, characterization, and applications: a review [J]. Journal of Advanced Research, 6 (2): 105-121.

AN D, LIU B, YANG L, et al., 2017. Fabrication of graphene oxide/polymer latex composite film coated on KNO_3 fertilizer to extend its release duration [J]. Chemical engineering journal, 311: 318-325.

ANDRADE A B, GUELFI D R, CHAGAS W F T, et al., 2021. Fertilizing maize croppings with blends of slow/controlled-release and conventional nitrogen fertilizers [J]. Journal of Plant Nutrition and Soil Science, 184 (2): 227-237.

BASU S K, KUMAR N, SRIVASTAVA J P, 2010. Modeling NPK release from spherically coated fertilizer granules [J]. Simulation Modelling Practice and Theory, 18 (6): 820-835.

BI H, XU J, LI K, et al., 2024. Effects of biochar-coated nitrogen fertilizer on the yield and quality of bok choy and on soil nutrients [J]. Sustainability, 16 (4): 1659.

CHEN X, WO F, CHEN C, et al., 2010. Seasonal changes in the concentrations of nitrogen and phosphorus in farmland drainage and groundwater of the Taihu Lake region of China [J]. Environmental Monitoring and Assessment, 169 (1-4): 159-168.

CHOJNACKA K, MOUSTAKAS K, WITEK - KROWIAKA, 2020. Bio - based fertilizers: a practical approach towards circular economy [J]. Bioresource Technology, 295.

EDDARAI E M, EL MOUZAHIM M, BOUSSEN R, et al., 2022. Chitosan-kaolinite clay composite as durable coating material for slow release NPK fertilizer [J]. International Journal of Biological Macromolecules, 195: 424-432.

EL ASSIMI T, BENIAZZA R, RAIHANE M, et al., 2022. Overview on progress in polysaccharides and aliphatic polyesters as coating of water - soluble fertilizers [J]. Journal of coatings technology and research, 19 (4): 989-1007.

FATIMA-ZAHRA B E, ELHOUSSAINE A, MANAL M, et al., 2022. Methylcellulose/lignin biocomposite as an eco - friendly and multifunctional coating material for slow-release fertilizers: Effect on nutrients management and wheat growth [J]. International journal of biological macromolecules, 221: 398-415.

FERTAHI S, BERTRAND I, ILSOUK M, et al., 2020. New generation of controlled release phosphorus fertilizers based on biological macromolecules: effect of formulation properties on phosphorus release [J]. International journal of biological macromolecules, 143: 153-162.

FERTAHI S, ILSOUK M, ZEROUAL Y, et al., 2021. Recent trends in organic coating based on biopolymers and biomass for controlled and slow release fertilizers [J]. Journal of controlled release, 330: 341-361.

FONSECA C S, CESAR F S, ROSELENA F, 2023. Polymer fertilizer and the fertigation of grape tomatoes in protected cultivation [J]. Scientia Horticulturae, 311: 111801.

IBRAHIM S, NAWWAR G A M, SULTAN M, 2016. Development of bio-based polymeric hydrogel: Green, sustainable and low cost plant fertilizer packaging material [J]. Journal of Environmental Chemical Engineering, 4 (1): 203-210.

IRFAN S A, RAZALI R, KUSHAARI K, et al., 2018. A review of mathematical modeling and simulation of controlled-release fertilizers [J]. Journal of Controlled Release, 271: 45-54.

KAMMANN C I, SCHMIDT H P, MESSERSCHMIDT N, et al., Plant growth improvement mediated by nitrate capture in co-composted biochar [J]. Scientific Reports, 2015, 5 (1): 11080.

KURMANBAYEVA M, SEKEROVA T, TILEUBAYEVA Z, et al., 2021. Influence of new sulfur-containing fertilizers on performance of wheat yield [J]. Saudi Journal of Biological Sciences, 28 (8): 4644-4655.

LAWRENCIA D, WONG S K, LOW D Y S, et al., 2021. Controlled release fertilizers: A review on coating materials and mechanism of release [J]. Plants, 10 (2): 238.

LI X, LI Q, SU Y, et al., 2015. A novel wheat straw cellulose-based semi-IPNs superabsorbent with integration of water-retaining and controlled-release fertilizers [J]. Journal of the Taiwan Institute of Chemical Engineers, 55: 170-179.

LU H, TIAN H Y, ZANG M, et al., 2020. Water polishing improved controlled-release characteristics and fertilizer efficiency of castor oil-based polyurethane coated diammonium phosphate [J]. Scientific reports, 10: 5763.

LUBKOWSKI K, SMOROWSKA A, GRZMIL B, et al., 2015. Controlled-release fertilizer prepared using a biodegradable aliphatic copolyester of poly (butylene succinate) and dimerized fattyacid [J]. Journal of agricultural and food chemistry, 63 (10): 2597-2605.

QIAO D, LIU H, YU L, et al., 2016. Preparation and characterization of slow-release fertilizer encapsulated by starch-based superabsorbent polymer [J]. Carbohydrate Polymers, 147: 146-154.

RAMLI R A, 2019. Slow release fertilizer hydrogels: a review [J]. Polymer Chemistry, 10: 6073-6090.

SONG B, LIANG H, SUN R, et al., 2020. Hydrogel synthesis based on lignin/sodium alginate and application in agriculture [J]. International Journal of Biological Macromolecules, 144: 219-230.

WU L, LIU M, 2008. Preparation and properties of chitosan-coated NPK compound fertilizer with controlled-release and water-retention [J]. Carbohydrate Polymers, 72 (2): 240-247.

YAMAMOTO C F, PEREIRA E I, MATTOSO L H C, et al., 2016. Slow release fertilizers based on urea/urea-formaldehyde polymer nanocomposites [J]. Chemical Engineering Journal, 287: 390-397.

ZHU C, ZHANG S, YI C, et al., 2023. Aminated rice straw/oxidized sodium alginate/iron (Ⅲ): synthesis and slow-release properties of a biomass-based material used as base fertilizer [J]. Industrial Crops & Products, 205: 117533.

第三章 生物炭基肥研发及应用研究现状与演化

3.1 生物炭基肥概述

生物炭基肥是以生物炭为载体，结合不同地区土壤特征、作物生长特征及科学施肥原则，通过化学与（或）物理相结合的方式，在土壤中加入有机或无机营养元素，制备出一种新型的环境友好型化肥（凌遵学和张取仁，2019）。该肥料种类繁多，依据复配肥料养分性质，可分为炭基无机肥、炭基有机肥、炭基有机无机复混肥。其中，炭基无机肥是由生物炭与无机肥料养分复配而成，例如尿素（朱晓旭等，2016）、磷酸一铵以及氯化钾（付嘉英，2013）等。生物质炭基有机肥（王海侯等，2016）是以畜禽粪便、食用菌残渣等动植物有机质原料和生物炭复配的一种有机肥料。炭基有机无机复混肥则是生物炭与有机和无机肥料复配所得（陈琳等，2013）。生物炭基肥按其营养成分的不同，可将其划分为炭基氮肥、炭基磷肥、炭基钾肥及炭基复合肥等。炭基复合肥指的是生物炭与氮、磷、钾等两种或两种以上养分复配而成（康日峰等，2014；王粟等，2017）。

生物炭基肥是一种新型的高效缓释肥，可有效保持肥料的营养成分并在土壤中缓慢释放（王晓玲等，2022），可提高化肥利用率，减少化肥施用量，促进秸秆资源循环利用。因此，"秸–炭–肥还田改土"技术在化肥减量和秸秆消化方面需求迫切。生物炭的组成元素主要为碳、氢、氧等，其中碳含量极高（70%~80%）。

固态生物炭具有极高的稳定性，能够在土壤中存在数百年而不被微生物分解，具有很好的固碳减排作用。生物炭不被分解还有一项作用，即能够促进土壤团聚体结构的形成，提升土壤通气性（杜海萌，2023），防止土壤板结。生物炭大多呈碱性，可提高土壤碱基饱和度，消耗土壤中的质子从而提高酸性土壤的 pH 值，改善酸性土壤中部分营养元素的有效性。生物炭能够提升土壤有机碳含量水平，其提高幅度取决于生物炭的用量以及稳定性。生物炭在一定程度上吸收水分，增加了砂质土壤的持水能力，进而提高了土壤持水性能。生物质炭具有较大的比表面积和较大的孔隙结构，可有效地吸附并负载肥料营养物质，延缓肥料养分在土壤中的释放并降低淋洗损失，从而促进作物生长，稳定提高作物产量，是一种具有更多有益功能的绿色肥料缓释控释材料。生物质炭独特的孔结构和对水肥吸附作用，为土壤微生物提供了有利的生长条件，同时也为土壤中的有益微生物提供了一种保护。

3.2 生物炭基肥的研发与作用效果

3.2.1 生物炭基肥的研发工艺

为了打造高效的生物炭基肥，研究人员针对其制备方式展开了长期探索。当下，常见的生物炭基肥制备方法涵盖混合掺杂法、造粒法、包膜法以及吸附法（表 3-1）。在这些方法中，掺杂法（岑应源等，2024）属于较为原始的制备手段之一，即将生物炭与肥料依照特定比例加以混合，从而获得生物炭基肥。添加生物质炭基肥可明显增加氮、磷、钾含量，具有简单、快速、经济等优点。然而，该方法制备的生物炭基肥成型率偏低，肥料的缓释效果也有待进一步增强。造粒法（Braida et al.，2003）是把生物炭与肥料相混合，借助圆盘造粒或者机械挤出的方式进行造粒操作。为提升生物炭基肥的机械性能以及在各类环境下承受各种外部载荷的能力，在造粒的过程中通常会用到黏合剂（Mostafa et al.，2019）。由于颗粒化能够提高基质在土壤中的扩散阻力,从而有效地减少营养物质的释出,从而影响其缓释性能。所以,采用造粒法制备的生物炭基肥相比于掺杂法制备的生物炭基肥,制得的生物质炭基质具有更好的缓释性,并能明显改善土壤理化特性。包膜法(Lawrencia et al.,2021)是采用难溶于水的材料对肥料予以包膜处理,通过包覆材料起扩散阻隔作用,实现养分的缓慢释放,同时提高化肥的力学性能。但由于生物炭自身特性、包覆材料及包覆技术等方面的差异,导致了不同的生物炭包膜肥料在肥效上存在差异。尽管包膜法制备的生物炭基肥缓释效果良好,但其制备方法烦琐,包装成本高,难以在农业生产中推广应用。此外,在养分释放后,部分涂层材料由于降解性欠佳会残留在土壤中,随着时间的推移可能给环境带来潜在威胁。因此,研发绿色、可生物降解且价格低廉的生物炭基肥涂层材料是未来的发展方向之一。吸附法(岑应源等,2024)主要是把生物炭浸渍在富含营养的液体中,利用其本身的功能基团及大的比表面积,为营养物质的存储提供空间;利用其孔道结构,先吸收营养物质,然后再缓慢释放,达到抑制养分损失的目的。吸附法具备操作简便、成本低廉等优点,然而生物炭的吸附能力在一定程度上制约了生物炭基肥的肥效。研究人员采用金属、酸碱和氧化剂对其进行修饰,以此提升生物炭的吸附能力。另外,借助吸附来制备生物炭基肥的方法能够精准把控特定营养元素的种类与数量,该肥料针对性较强,并且拥有良好的养分缓释性能。

表3-1 生物炭基肥的研发工艺

方法	关键工艺	作用特点
掺杂法	较原始的方法,生物炭与肥料按一定比例混合	简单、快捷、成本低,显著提高土壤中氮、磷、钾等养分含量,但生物炭基肥成型率较低,肥料缓释效果有待提升
造粒法	将生物炭与肥料混合,通过圆盘造粒或机械挤出进行造粒,造粒过程中通常使用黏合剂	颗粒化可以增加扩散阻力,降低养分释放,具缓释效果,改善土壤理化性质

(续表)

方法	关键工艺	作用特点
包膜法	用难溶于水的材料对肥料进行包膜处理，利用包裹材料作为控制养分释放的扩散屏障以实现缓释	不同生物炭包膜肥效存在差异，一些涂层材料由于降解性差异残留在土壤，造成潜在风险
吸附法	生物炭浸渍在营养液体中，丰富的官能团和较大比表面积为养分提供储存的场所，多孔结构使养分先吸附在生物炭内随后再缓慢释放	操作简单、成本低的独特优势，可精确控制特定营养元素的类型和数量，但生物炭吸附能力会影响肥效

3.2.2 生物炭基肥的机制机理

缓释机制属于生物炭基肥的作用机理。生物炭基肥具有固持氮磷、钾等营养元素的特性，在长期保持土壤养分含量方面发挥重要作用，这是因为生物炭能够对氮、磷、钾等养分进行固持（王晓玲等，2022）。生物炭与氮、磷、钾之间的作用机制涵盖静电作用（Yang et al.，2017）、络合作用（Joseph et al.，2013）以及矿化作用（Dai et al.，2016）等。生物炭在土壤中可与铵离子发生静电吸附，从而降低铵离子的淋溶效应，改善其缓释性能（Novak et al.，2016）；生物炭能够和尿素络合生成炭基氮肥，尿素表面的氨基可与生物炭上的羧酸酐发生反应进而被固定（Joseph et al.，2013），同时，生物炭能够将尿素在分解过程中释放出的氨气固定而形成炭基肥，进一步防止氮肥的流失（Zhang et al.，2012）。在磷肥方面，生物炭上的磷于制备进程中产生矿化作用，形成羟基磷灰石以及磷酸钙等矿物，含磷矿物能够经由缓慢的解析作用释放出来，进而促进土壤磷素的富集，增强土壤肥力（Dai et al.，2016）。同时，生物质炭还可与钾素发生 π-阳离子键作用，进而结合生成炭基钾肥，减少钾素损失，提高钾素利用率（Rivera-Utrilla et al.，2003）。当炭基肥施用到土壤中后，随着其氧化分解，固定在生物炭上的氮、磷、钾等养分再度释放出来，被作物吸收利用。

3.2.3 生物炭基肥的作用效果

（1）生物炭及其改性对土壤物理性质的影响

生物炭基肥能够对土壤理化性质产生积极的影响，包括提高土壤孔隙度、调节土壤酸碱度、提高土壤肥力、改善土壤微生物群落结构等，从而达到改良土壤的目的（岑应源等，2024）。生物炭基肥能够提高土壤的保水能力。生物炭基肥能够显著提高土壤毛管孔隙度，使水分能够在孔隙中保存（王晓玲等，2022）。如表3-2可见，在花生生长期采集土样对土壤容重、土壤含水量、土壤团聚体数量等进行测定。生物炭能不同程度缓解土壤的紧实程度，加入了壳聚糖改性生物炭即改性生物炭的容重最小，比空白组减小了17%；三氯化铁改性生物炭比空白组减少了10.5%。壳聚糖改性生物炭对土壤含水量的增加效果要好于 $FeCl_3$ 改性生物炭。从团聚体分布来看，生物炭能够增加微小团聚体的比例，由空白<0.05 mm团聚体比例的12.8%增加至17.1%~26.0%，0.25~1 mm团聚体比例由43.5%增加至56.3%~76.9%，三氯化铁改性生物炭还能显著降低0.05~0.25 mm的团聚体分布比例。与之不同的，大团聚体（>1mm）由空白14.0%减少至6.5%~8.9%。壳聚糖和三氯化铁改性后，总体表现出进一步减少大团聚体的分布比例。这些作用在生物炭基肥中，可以通过改善土壤理化性质，促进土壤微团聚体形成，提高土壤养分有效性等。

表3-2 不同处理对土壤容重、含水率及团聚体分布的影响

处理	土壤容重/ （g·cm^{-3}）	土壤含水率 /%	团聚体/%			
			>1 mm	0.25~ 1 mm	0.05~ 0.25 mm	<0.05 mm
对照	1.79	7.20	14.0	43.5	28.9	12.8
生物炭	1.68	10.30	6.5	60.4	25.8	26.0
壳聚糖改性生物炭	1.53	18.60	8.9	56.3	31.7	17.1
三氯化铁改性生物炭	1.62	16.70	7.8	76.9	14.1	20.8

(2) 生物炭及其改性对作物苗期生长的影响

花生苗期测定了生物炭改性对作物苗期生长的影响。由株高、光合作用、SPAD 值等变化（表3-3），施入生物炭均对花生的长势有所提升，花生的株高与对照比较分别提高了 1.98%、4.95%、3.96%；改性的生物炭对花生生长也有一定的促进作用。

壳聚糖改性生物炭组叶片 SPAD 值显著地高于其他处理。施入壳聚糖改性生物炭和 $FeCl_3$ 改性生物炭均相对于对照 SPAD 值分别提高了 6.10% 和 4.07%；相对于添加生物炭的盆栽组花生 SPAD 含量分别提升了 4.36% 和 2.36%。壳聚糖改性生物炭和 $FeCl_3$ 改性生物炭均能提高花生的光合作用，相对于对照花生净光合速率分别提高了 39.7%、17.5%；相对于添加生物炭的盆栽组花生净光合速率分别提高了 33.3%、12.1%。

表 3-3 生物炭及其改性对作物（花生）苗期地上部的影响

处理	株高/cm	净光合速率/ ($\mu mol\ CO_2 \cdot m^{-2} \cdot s^{-1}$)	SPAD 值
对照	10.1	12.6	54.1
生物炭	10.3	13.2	55.0
壳聚糖改性生物炭	10.6	17.6	57.4
三氯化铁改性生物炭	10.5	14.8	56.3

根系生长状况如表 3-4 所示，生物炭基改性增加了根系的长度、比表面积。$FeCl_3$ 改性生物炭处理根系表面积、体积以及根尖数都比其他处理要好，说明 $FeCl_3$ 改性生物炭对促进植物根系生长方面要优于壳聚糖改性生物炭。

表 3-4 生物炭及其改性对作物（花生）苗期根部的影响

处理	根总长度/mm	根总比表面积/cm^2	根总体积/cm^3	根尖数/mm
对照	389.8	67.4	1.76	860.0

处理	根总长度/mm	根总比表面积/cm²	根总体积/cm³	根尖数/mm
生物炭	422.8	100.9	1.12	1 183.0
壳聚糖改性生物炭	660.1	95.3	1.27	1 308.0
三氯化铁改性生物炭	527.6	176.2	3.07	1 366.0

(3) 生物炭基肥对作物养分吸收及生长发育的影响

生物炭基肥总体能够促进作物的养分吸收及生长发育（表3-5）。杨劲峰等（2015）指出生物炭基肥和普通有机肥配施可以提高连作花生土壤中氮、磷、钾的含量和花生产量。陈琳等（2013）发现与常规复混化肥比较，炭基肥处理施氮量减少19.94%，但水稻的经济产量提高6.70%以上。炭基肥处理可显著提高水稻每穗总粒数和单穗重。施用炭基肥料可明显提高水稻的氮素偏生产力、氮素收获指数和氮素稻谷生产率。胡苗苗等（2018）表明生物炭处理的土壤养分含量高于对照处理，有机质含量提高了15.00%、碱解氮含量提高了39.71%，有效磷含量提高了22.87%，速效钾含量提高了5.75%，棉花产量提高了15.50%。毛娟等（2019）证实，添加生物炭基肥显著提高了烤烟中部叶和上部叶的总糖、还原糖含量，降低了总氮和烟碱含量，显著提高了中部叶的钾含量，提高了烟叶产量和产值。Chen等（2018）对卷心菜进行盆栽试验，发现施用生物炭基肥的卷心菜生长更旺盛，鲜重是空白对照的1.5~1.6倍。

表3-5 生物炭基肥处理对作物的影响效果

研究人员	年份	对作物的影响效果
肖琳等	2024	与对照相比，施用生物炭基肥后火力楠的Dickson质量指数和全株氮、磷、钾累积量显著增加，生物炭基肥能改善土壤理化性质，有效促进火力楠的生长及养分吸收

(续表)

研究人员	年份	对作物的影响效果
Yin 等	2022	生物炭基肥施用后玉米在抽丝期和灌浆期的干物质重量分别增加了 1.60% 和 15.83%，产量、穗长、直径和株高也有相应的提高
毛娟等	2019	添加生物炭基肥显著提高了烤烟中部叶和上部叶的总糖、还原糖含量，降低了总氮和烟碱含量，显著提高了中部叶的钾含量，提高了烟叶产量和产值
胡苗苗等	2018	生物炭处理的土壤养分含量高于对照处理，有机质含量提高了 15.00%、碱解氮含量提高了 39.71%，有效磷含量提高了 22.87%，速效钾含量提高了 5.75%，棉花产量提高了 15.50%
Chen 等	2018	对卷心菜进行盆栽试验，发现施用生物炭基肥的卷心菜生长更旺盛，鲜重是空白对照的 1.5~1.6 倍
杨劲峰等	2015	生物炭基肥和普通有机肥配施可以提高连作花生土壤中氮、磷、钾的含量和花生产量
陈琳等	2013	与常规复混化肥比较，炭基肥处理施氮量减少 19.94%，但水稻的经济产量提高 6.70% 以上。炭基肥处理可显著提高水稻每穗总粒数和单穗重。施用炭基肥料可明显提高水稻的氮素偏生产力、氮素收获指数和氮素稻谷生产率

3.3 生物炭基肥研究的总体现状

生物炭基肥检索到 CNKI 期刊论文共 209 篇，CNKI 学位论文共 234 篇、WoS 核心合集英文论文共 4 293 篇。如图 3-1 所示，CNKI 中关于生物炭基肥的首篇期刊论文和学位论文均在 2011 年发表；中文期刊论文和学位论文随时间的变化趋势大致相同，2010—2020 年，生物炭基肥的 CNKI 期刊论文和学位论文随着时间的推进呈现上升趋势；但在 2021 年、2022 年，生物炭基肥相关文献数量有所下降；2023 年，相关文献恢复上升趋势，并在 2023 年文献数量达到了最高，学位论文达到 38 篇，期刊论文达到 30 篇。WoS 核心合集中关于生物炭基肥的首篇期刊论文在 2007 年发表，英文首篇期刊论文发表时间比中文期刊论文要早一些。总体上，WoS 核心合集英文论文从 1948 年开始到目前为止，发文量随时间的增长呈现出不断上升的趋势。有关生物炭基肥的 WoS 核心合集英文论文数量在 2023 年最高，达到 749 篇，仍有上升趋势。

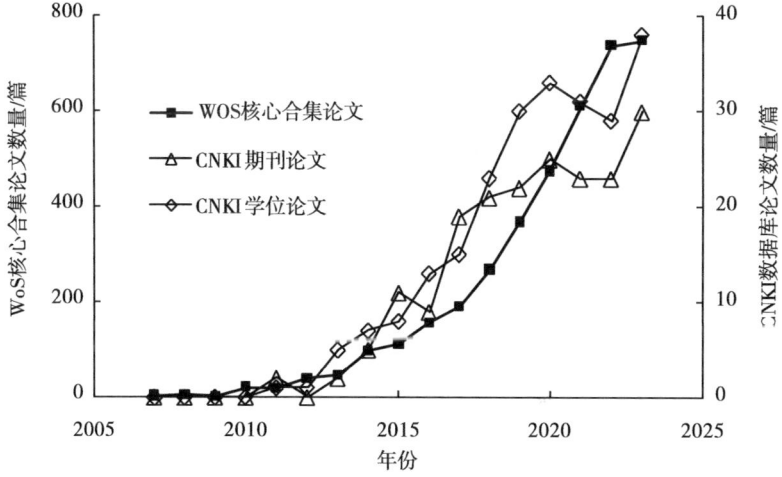

图 3-1　生物炭基肥研究论文随时间分布

对研究机构进行分析，CNKI 数据库中生物炭基肥研究期刊论文和学位论文发表数量前 10 位的研究机构如表 3-6 所示。在生物炭基肥研究领域的主要研究机构为农林类科研机构，中文期刊论文发文量较多的第一单位研究机构分别为沈阳农业大学和河南农业大学，学位论文发文量超过 10 篇的有 7 个高校，其中前 4 位的机构分别为沈阳农业大学、西北农林科技大学、河南农业大学、华中农业大学。WoS 核心合集英文发表论文数量前 10 位的研究机构，来自我国的机构有 7 个，显示在生物炭基肥研究领域强大的科研实力。

表 3-6　生物炭基肥文献研究机构分布

编号	期刊论文 第一单位	数量	学位论文 研究机构	数量	WoS 论文 研究机构	数量
1	沈阳农业大学	28	沈阳农业大学	33	Chinese Academy of Sciences	331
2	河南农业大学	13	西北农林科技大学	16	Ministry of Agriculture & Rural Affairs	215
3	福建农林大学	8	河南农业大学	15	Chinese Academy of Agricultural Sciences	131
4	华中农业大学	7	华中农业大学	15	University of Chinese Academy of Sciences, CAS	125
5	内蒙古农业大学	7	南京农业大学	14	Northwest A&F University - China	122
6	西南大学资源	7	东北农业大学	12	Egyptian Knowledge Bank	121
7	中国农业科学院	7	内蒙古农业大学	10	Nanjing Agricultural University	112
8	湖南农业大学	6	湖南农业大学	9	Nanjing Institute of Soil Science, CAS	100
9	江西农业大学	6	浙江农林大学	9	University of Agriculture Faisalabad	94
10	南京农业大学	6	江西农业大学	7	United States Department of Agriculture	83

生物炭基肥 CNKI 期刊论文共发表在 74 个中文期刊中，发表论文数量前 10 位的期刊如表 3-7 所示，基本以农林类期刊为主，发文量超过 10 篇的期刊有 3 个，分别为《中国土壤与肥料》《环境科学》《植物营养与肥料学报》等期刊，显示了该研究领域发表论文较高的研究水平。WoS 核心合集英文论文共发表在 667 个国际期刊上，发表论文数量前 10 位的期刊基本还是以农林类期刊为主，其中 *Science of the Total Environment* 最多，为 268 篇。

表3-7 生物炭基肥研究文献期刊分布

编号	中文期刊		英文期刊	
	名称	论文数量	名称	论文数量
1	中国土壤与肥料	16	Science of the Total Environment	268
2	环境科学	12	Agronomy-Basel	187
3	植物营养与肥料学报	11	Journal of Environmental Management	117
4	农业工程学报	9	Sustainability	111
5	江苏农业科学	8	Environmental Science and Pollution Research	101
6	农业环境科学学报	8	Journal of Cleaner Production	95
7	沈阳农业大学学报	6	Chemosphere	88
8	北方园艺	5	Agriculture, Ecosystems & Environment	65
9	河南农业大学学报	5	Journal of Soil Science and Plant Nutrition	62
10	南方农业学报	5	Journal of Soils and Sediments	59

3.4 生物炭基肥研究的热点分析

选取中文文献数据中每个时间切片（1年）中关键词绘制共现图谱（图3-2），发现以生物炭、炭基肥、产量为主向四周扩散出许多关键词（表3-8），共现网络中关键词与关键词之间相互交叉，说明国内对生物炭基肥的研究所涉及的范围较广。对国内生物炭基肥的研究文献进行关键词分析，研究关注热点是生物炭（191）、产量（75）、炭基肥（66）、品质（32）等。英文文献数据中共现网络中关键词引出的线所构成的共现网络结构要比CNKI中文数据库共现网络结构更加密集，说明国际上对生物炭基肥的研究所涉及的领域更广。对英文生物炭基肥的研究文献进行关键词分析，生物炭基肥研究关注热点是biochar（897）、soil（632）、carbon（608）、nitrogen（578）、fertilizer（559）等。国际生物炭基肥领域研究关注的热点整体相似,总的来看,国际生物炭基肥的内容主要集中在生物炭基肥对对作物生长产量以及土壤微生物群落结构的影响。

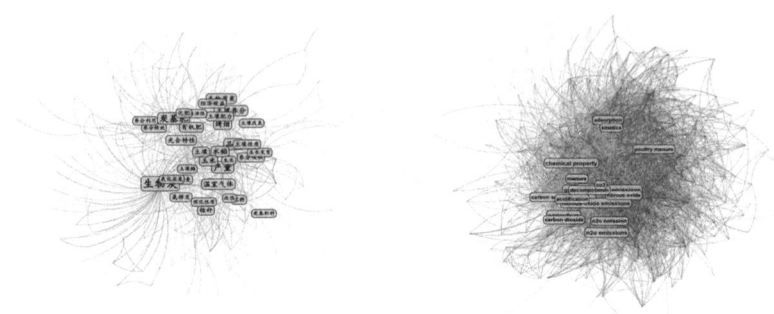

图 3-2　生物炭基肥文献数据的关键词共现网络

表 3-8　生物炭基肥文献数据的高频关键词

编号	中文		英文	
	关键词	频次	关键词	频次
1	生物炭	191	biochar	897
2	产量	75	soil	632
3	炭基肥	66	carbon	608
4	品质	32	nitrogen	578
5	水稻	30	fertilizer	559
6	烤烟	30	yield	526
7	土壤养分	23	growth	505
8	氨挥发	18	manure	414
9	温室气体	16	greenhouse gas emissions	330
10	玉米	14	impact	329

由图 3-3 CNKI 文献结果显示,国内生物炭基肥文献关键词共现网络共形成 12 个聚类,揭示了生物质炭研究领域中的知识基础

结构和动态演化规律。Q 值为 0.493 6（>0.3）表示聚类是有效的，平均轮廓值 S 值为 0.839 1 表明结果是可信的。12 个聚类之间彼此交互重叠，其中聚类#0、#1、#2 可以概括为学者们比较关注生物炭基肥品质方面，聚类#5、#6、#7、#8、#9 可以概括为探究烤烟、秸秆等生物质炭所制备出的生物炭基肥的缓控性能，及其对土壤肥力的效果如何。WoS 核心合集英文文献结果显示，国内外生物炭基肥文献关键词共现网络共形成 9 个聚类，标识了该研究领域的知识基础结构及其动态演进的过程。Q 值 0.343 5（>0.3）表示聚类是有效的，平均轮廓值 0.641 3 表明结果是可信的。9 个聚类之间彼此交互重叠，土壤中重金属含量较高，而镉含量在重金属中占比较大，由于生物炭具有丰富的孔结构和较大的比表面积，它能够吸附土壤中的重金属，因此聚类#0、#3 可以概括为学者们比较关注生物炭吸附土壤重金属；聚类#2、#4、#8 可以概括为探究生物炭添加对土壤肥力以及土壤微生物群落的影响。

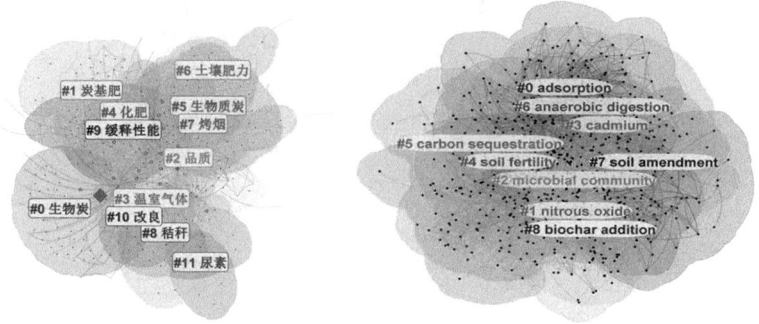

图 3-3 生物炭基肥文献数据的关键词聚类图谱

3.5 生物炭基肥研究的演化趋势

如图 3-4 所示，从 2011 年开始，在 CNKI 数据库中出现了关

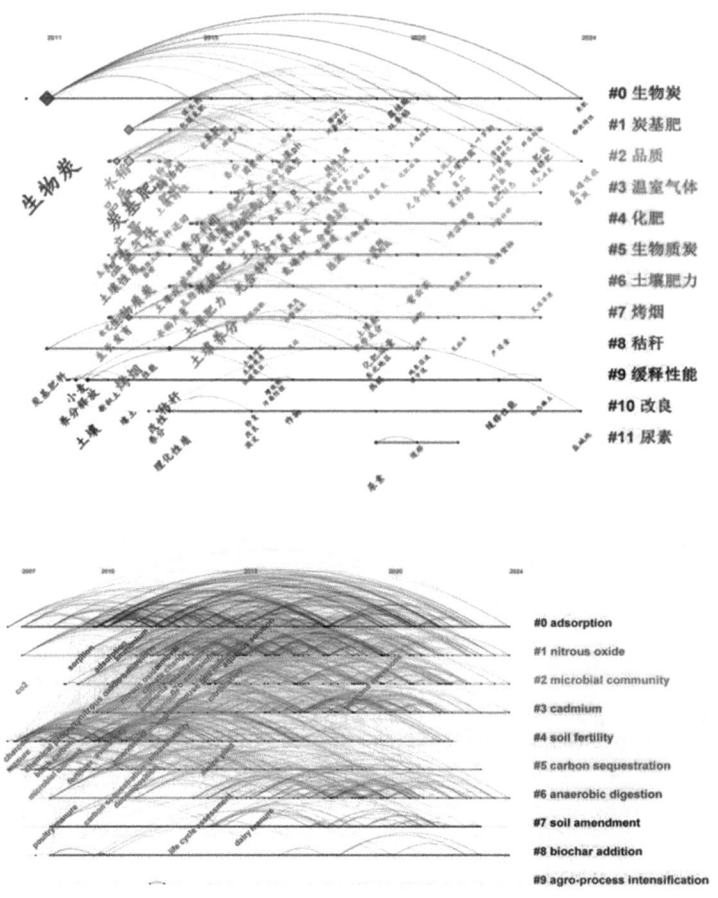

图 3-4 生物炭基肥文献数据的时间线图

于生物炭基肥的研究文献,从#0 到#2 聚类的数据数量都是相对较多的,这说明了这些聚类领域的重要性,并且时间跨度都很大。关键词生物炭(1.03,#0)、炭基肥(0.32,#1)、品质(0.21,#2)中介中心度>0.1,这些词往往为连接不同领域的关键枢纽。

在 WoS 核心合集英文数据库中，#0 adsorption、#1 nitrous oxide、#2 microbial community、#3 cadmium 这 4 个聚类中引线较多，说明这 4 个聚类中文献较多，显示了这些聚类领域很重要，且时间跨度较大。其中聚类#0 横跨 2007—2024 年整个时间段，说明吸附作为生物炭的主要功能，在生物炭基肥领域也有一定的影响力。由于生物炭具有较多的孔结构和阳离子交换能力，因此生物炭在吸附土壤或水体中染料污染、重金属污染、微生物塑料污染等方面具有一定的优势。

提取生物炭基肥研究领域的突现词，验证分析生物炭基肥研究趋势（表 3-9）。中文文献前 20 个突现词显示，2011—2013 年，学者们比较关注炭基肥料应用于小麦、糜子等作物效果如何；后期学者们开始逐渐探究生物炭基肥对重金属吸附的效果，以及生物炭对土壤特性的影响；2020—2022 年，学者们关注生物炭基肥的缓释性能、对土壤酶活性的影响以及作物生产质量如何。除此之外，酶活性、缓释性能、生产质量等词自出现全今仍为热门的关键词，是生物炭基肥领域的前沿热点。英文文献早期学者们关注生物炭化学特性、生物炭基肥料肥力等情况；后期学者们重点关注生物炭吸附方面，比如生物炭能够吸附 N_2O 气体，N_2O 气体是一种有毒气体，从而能够减少 N_2O 的排放；生物炭还能够减少 CO_2 气体的排放，从而缓解由于温室气体所带来的温室效应，在这一方面与国内对于生物炭基肥的研究达成一致。对于生物炭吸附方面，国内比较关注生物炭吸附重金属方面，而国内外研究学者们对于生物炭吸附的研究主要着重于有毒气体、温室气体的吸附，因此国内外对于生物炭基肥领域的研究有所差异。

表 3-9 生物炭基肥文献数据的突现词

中文突现词	年份	强度	开始年份	结束年份	英文突现词	年份	强度	开始年份	结束年份
炭基肥料	2011	1.97	2011	2016	charcoal	2007	63.87	2007	2017

(续表)

中文突现词	年份	强度	开始年份	结束年份	英文突现词	年份	强度	开始年份	结束年份
小麦	2012	2.72	2012	2015	manure	2007	17.47	2007	2015
糜子	2012	1.32	2012	2013	soils	2007	10.82	2007	2018
温室气体	2013	1.68	2013	2014	black carbon	2008	46.76	2008	2017
重金属	2014	1.6	2014	2016	chemical property	2008	15.6	2008	2017
土壤特性	2014	1.32	2014	2018	fertility	2008	8.35	2008	2016
花生	2017	2.99	2017	2018	fertilizer	2009	12.19	2009	2016
成型	2017	1.54	2017	2019	ferralsol	2010	16.12	2010	2018
棕壤	2017	1.49	2017	2018	carbon sequestration	2010	9.67	2010	2016
氮磷钾	2017	1.49	2017	2018	increases	2010	8.11	2010	2012
理化性质	2014	1.48	2018	2019	nitrous oxide emissions	2010	7.33	2010	2017
秸秆	2014	1.44	2018	2020	oxidation	2010	6.65	2010	2017
尿素	2019	2.29	2019	2020	carbon dioxide	2011	8.75	2011	2018
生长	2016	1.36	2019	2020	pyrolysis	2008	12	2012	2017
经济效益	2016	1.85	2020	2021	nutrition	2012	9.92	2012	2016
光合作用	2020	1.39	2020	2021	temperature	2010	7.79	2014	2016
酶活性	2014	1.83	2021	2024	sorption	2009	9.83	2015	2018
烤烟	2013	2.26	2022	2024	desorption	2015	8.13	2015	2018
缓释性能	2022	1.87	2022	2024	plant	2014	6.86	2015	2018
生产质量	2022	1.87	2022	2024	conversion	2017	6.67	2017	2020

参考文献

岑应源,黄宝源,张观林,等,2024.生物炭基肥制备及其农业应用研究进展[J].江苏农业科学,52(8):15-22.

陈琳，乔志刚，李恋卿，等，2013. 施用生物质炭基肥对水稻产量及氮素利用的影响 [J]. 生态与农村环境学报，29（5）：671-675.

杜海萌，2023. 生物炭基肥对水稻产量、品质和土壤微生物的影响 [D]. 扬州：扬州大学.

付嘉英，2013. 生物质炭基肥料的试制及其在蔬菜地的应用探讨 [D]. 南京：南京农业大学.

胡苗苗，朱新萍，李典鹏，等，2018. 生物炭基肥和木醋液对干旱区土壤养分及棉花产量的影响 [J]. 新疆农业大学学报，41（5）：369-375.

康日峰，张乃明，史静，等，2014. 生物炭基肥料对小麦生长、养分吸收及土壤肥力的影响 [J]. 中国土壤与肥料（6）：33-38.

凌遵学，张取仁，2019. 生物炭基肥对棉花性状、产量及经济效益的影响 [J]. 安徽农学通报，25（6）：58-60.

毛娟，何晓冰，许跃奇，等，2019. 生物炭基肥对豫中烤烟产质量的影响 [J]. 河南农业科学，48（2）：48-53.

王海候，陆长婴，沈明星，等，2016. 炭基有机肥对水稻产量及土壤养分的影响 [J]. 江苏农业科学，44（7）：104-107.

王粟，张楠，钟鹏，等，2017. 生物质炭基肥对玉米生长发育及产量的影响 [J]. 黑龙江农业科学（3）：41-44.

王晓玲，赵泽州，任树鹏，等，2022. 生物炭基肥在我国的制备和应用研究进展 [J]. 中国土壤与肥料，（1）：230-238.

肖琳，冯为迅，罗志忠，等，2019. 生物炭和生物炭基肥对林木生长和土壤肥力的影响 [J]. 华南农业大学学报，45：1-13.

杨劲峰，江彤，韩晓日，等，2015. 连续施用炭基肥对花生土壤性质和产量的影响 [J]. 中国土壤与肥料（3）：68-73.

朱晓旭，张忠庆，刘金华．等，2016. 缓释多功能生物质炭包衣尿素的制备及性能研究 [J]. 东北农业科学, 41 (5): 56-61.

BRAIDA W J, PIGNATELLO J J, LU Y F, et al., 2003. Sorption hysteresis of benzene in charcoal particles [J]. Environmental Science Technology, 37 (2): 409 -417.

CHEN L, CHEN Q C, RAO P, et al., 2018. Formulating and optimizing a novel biochar-based fertilizer for simultaneous slow-release of nitrogen immobilization of cadmium [J]. Sustainability, 10 (8): 2740.

DAI L, LI H, TAN F, et al., 2016. Biochar: a potential route for recycling of phosphorus in agricultural residues [J]. GCB-Bioenergy, 8: 852-858.

JOSEPH S, GRABER E R, CHIA C, et al., 2013. Shifting paradigms: development of high-efficiency biochar fertilizers based on nanostructures and soluble components [J]. Carbon Management, 4 (3): 323-343.

LAWRENCIA D, WONG S K, LOW D Y S, et al., 2021. Controlled release fertilizers: a review on coaling materials and mechanism of release [J]. Plants, 10 (2): 238.

MOSTAFA M E, HU S, WANG Y, et al., 2019. The significance of pelletization operating conditions: an analysis of physical and mechanical characteristics as well as energy consumption of biomass pellets [J]. Renewable and Sustainable Energy Reviews, 105: 332-348.

NOVAK J M, BUSSCHER W J, LAIRD D L, et al., 2009. Impact of biocharamendment on fertility of a southeastern coastal plain soil [J]. Soil Science, 174 (2): 105-112.

RIVERA-UTRILLA J, SANCHEZ-POLO M, 2003. Adsorption of Cr (III) onozonised activated carbon. Importance of $C\pi$-cation interactions [J]. Water Research, 37 (14): 3335-3340.

YANG J, LI H, ZHANG D, et al., 2017. Limited role of biochars in nitrogen fixation through nitrate adsorption [J]. Science of the Total Environment, 592: 758-765.

YIN D W, YANG X Y, WANG H Z, et al., 2022. Effects of chemical-based fertilizer replacement with biochar-based fertilizer on albic soil nutrient content and maize yield [J]. Open Life Sciences, 17: 517-528.

ZHANG A, BIAN R, PAN G, et al., 2012. Effects of biochar amendmenton soil quality, crop yield and greenhouse gas emission in a Chinese rice paddy: a field study of 2 consecutive rice growing cycles [J]. Field Crops Research, 127: 153-160.

第四章 水溶肥研发及应用研究现状与演化

4.1 水溶肥概述

水溶性肥料简称水溶肥，是能够溶解于水的肥料。水溶性肥料能够通过水溶或者稀释后，以液态或者固态的形式在灌溉施肥、叶面施肥、无土栽培、浸种蘸根等领域加以应用，进而达成水肥一体化，具有省水、省肥、省工的优势（刘鹏等，2013）。广义上，水溶性肥料涵盖在水溶液中能够迅速溶解出的大量单质水溶肥料、复合型水溶肥以及农业农村部所制定的水溶型和有机水溶肥料等（陈清和周爽，2014）。相较于常规的颗粒型复混肥，水溶性肥料所含营养成分更为丰富，不溶性物质较少，并且能够快速溶解于水，从而被农作物吸收利用（张强等，2017）。水溶性化肥的种类按不同的分类标准而异。水溶性肥料按其物理形态可分为固态水溶肥和液态水溶肥两种，在固体水溶肥料中，又可依据固体的具体形态进一步分为颗粒状和粉末状；对于液体水溶肥料而言，可按照液体的具体形态区分为清液型水溶肥料和悬浮型水溶肥料。水溶性肥料按作用可划分为营养型水溶肥料和功能型水溶肥料，其中营养型水溶肥料以满足作物生长所需的养分为主，涵盖大量元素水溶肥料、中量元素水溶肥料、微量元素水溶肥料等类别；功能性水溶肥中，添加植物、动物和矿物等多种功能活性成分，如腐植酸、氨基酸、海藻酸等有机水溶肥料，能够起到改良土壤、刺激作物生长以及改善作物品质的作用（陈清等，2017）。

水溶肥能够推动作物在纵横方向上生长，加速细胞分裂，为作物补充养分，刺激其生长，打破休眠状态，加速植株的萌发，给予营养补充，推进花芽分化，强壮植株。水溶肥依据植物生长原理，能够解决根部难以吸收的障碍问题，调节生长使其均衡，促进根部生长发育，改善作物的生长环境，减少生理性生长缓慢的障碍。水溶肥能够对作物药害肥害起到缓解作用，能够使土壤疏松、缓解土壤板结，避免作物过早衰老，实现作物产量、质量和价值的提升。水溶肥能推动作物快速吸收养分，增强光合作用，提高作物对旱、涝、盐碱的抵御能力，解决重茬耕作带来的生长缓慢问题。此外，保肥固氮，保持土壤水分，降低土壤肥力损失，促使植物快速发芽并给予养分补充。水溶肥主要有4个特点（表4-1）：首先，养分含量高、营养全面且杂质少；其次，养分吸收快、肥效高；再次，可与现代灌溉设施结合，实现水肥一体化；最后，能够实现肥料的多功能化。

表4-1 水溶肥总体作用概述

特点	类型/内容	效果
养分纯营养全 （金波，2020）	大量元素含量大于等于50%，不溶物含量小于等于5.0%，至少含有三种植物必需的营养元素，属于高品位肥料	在农业生产中可以通过施用水溶肥来满足作物对中微量元素的需求
养分高效化 （黄平，2022）	完全溶解于水中，以离子态存在，属于速效养分	根部施用和液面喷施均易于被作物所吸收，可以实现少量多次定量施肥
水肥一体化 （冯先明等，2018）	利用管道滴灌或喷灌系统，将肥料溶于灌溉水中，灌水和施肥同时进行	实现水肥合一，省水省肥省工，提高了水肥利用效率
多功能化 （郝启添，2023）	包括含氨基酸水溶性肥料和含腐植酸水溶性肥料	改善土壤的结构、增加土壤保水能力，以及减少植物叶面蒸腾，提高植物抗旱能力

4.2 水溶肥的研发与作用效果

4.2.1 水溶肥的研发

目前,固体水溶肥的制备方法主要有两种,一种是物理混合法,另一种是化学合成法。物理方法是通过粉碎机、搅拌机等装置,把氮、磷、钾等单质肥或复合肥料按照特定比例直接配制成水溶性肥料。该方法下产品的形状、色泽等性质与原料直接相关,往往外观不佳、稳定性欠佳(付强强等,2019)。另外,由于物理法生产工艺中没有加入除杂工序,产物中含有杂质,这是后续施肥时出现沉淀进而堵塞管道的主要原因。这种水溶性化肥具有操作简便,生产成本不高,市场价格较为低廉,易于为农户所接受的特点,在农作物的冲施中使用较为广泛。

随着生产工艺水平的不断提高,研制出化学合成水溶性肥料,以弥补传统物理混配水溶性肥料的不足。化学合成法是将氮、磷、钾等营养元素,经反应、除杂、蒸馏浓缩、冷却结晶等工艺,在特定的温度和 pH 值下,按照一定的比例配制成水溶性化肥。实验结果表明,用化学合成法制备的水溶肥外观好,质地均匀,结晶纯度高,可保证100%的水溶率。化学合成水溶性化肥不仅具有较高的养分含量,而且养分更均衡、更合理,使肥料的吸收利用率提高,而且产物 pH 值较易调控,更适宜于喷灌、滴灌等"水肥一体化"灌溉设施(刘鹏等,2013)。另外,颗粒状水溶肥的生产还需经过转鼓造粒、圆盘造粒和塔式造粒等造粒工艺才能实现。其中,以塔式造粒工艺最为常见,它是将氮肥如固体尿素、硝酸铵等加热熔化,然后添加磷、钾等养分,经搅拌后送至塔内喷雾,经降温、结晶得到颗粒状水溶性化肥(杨建民等,2013)。

与固态水溶肥相比,液态水溶肥的制备工艺更为复杂,其主要原因在于营养元素全部溶解在水溶液中,从而影响了其营养成分的含量。液态水溶肥是一种以溶解、螯合等方式,在水里溶解各种营养元素、助剂和活性物质,制备出均一的液态水溶肥,其生产过程包括除杂纯化、原料溶解、营养元素螯合与复配、酸碱度调节等环节(陈清和周爽,2014)。在液态水溶肥的生产工艺中,还要对生产用水的水质状况及反应条件进行监控,并对每一个生产步骤进行严格控制。经过长期的探索和实践,我国各企业对水溶性肥料的生产工艺进行了完善,对自动化设备加以革新、优化配方设计并提高生产的安全性。

4.2.2 水溶肥的机制机理

水溶肥养分含量高,营养全面,杂质极少,具有完全的水溶性和卓越的纯度,适用于所有的肥料体系,它可以被用来进行底施、冲施、滴灌、喷灌、叶面喷施等,它可以真正地将水肥结合起来,达到节水节肥、省工省时的目的。水溶肥中含有大量元素氮、磷、钾,中量元素钙、镁、硫,以及部分微量元素硼、锰、铁等。大量元素含量之和不低于50%,单一元素含量不低于6%。它均衡了作物生长所需要的各种营养配比,可以很好地满足农民对高品质和高稳定性产品的要求。微量元素以螯合态的形式存在于产品里,可被作物充分有效地吸收。

水溶肥原料具有高纯度,无杂质,低电导率等特点,适用于各种经济作物,如蔬菜、花、果、茶、棉、烟、草等。它富含土壤和作物所需的有机活化因子,可有效改善土壤结构,提高土壤保水保肥能力,显著提高土壤抗逆能力。它能与除强碱性农药以外的大部分农药混用,降低了生产成本(崔德杰等,2016)。

4.2.3 水溶肥的作用效果

水溶肥在总体上对促进作物养分吸收及生长发育起着积极作用(表4-2)。彭云霞等(2024)研究表明,柴胡幼苗施用腐植酸水溶肥后,其茎高、叶数、根粗、根长显著增加36.82%、37.03%、42.78%和22.38%,同时幼苗的抗逆能力得以提升,光合作用也有所增强。Zhao 等（2024）发现，水溶肥的施用能明显改善土壤理化性质、作物生长发育和土壤酶活性。水溶肥施用能有效地改善包括有机物在内的营养含量，以及提高土壤酶活力。朱忠锐等（2018）利用喷灌降低了土壤中的水分蒸发，降低了土壤的渗漏，从而提高了土壤的蓄水能力，进行有限灌溉以及合理减少氮肥施用量，有助于小麦在后期实现干物质的积累。张国桥等（2014）研究表明，滴灌追施磷肥的成效优于基施磷肥，能满足玉米生长后期对磷素的需要，并能有效地提高每穗实粒数、穗重和穗粗。宋亚辉等（2015）在花生生产中应用滴灌技术可提高豆荚、种子的产量，从而提高花生生产质量。邓忠等（2017）研究表明，施肥量偏高或偏低均导致棉花各器官营养不平衡，适度增施氮肥可以延长铃长，确保有效铃数，形成优良的株型。谭宏伟等（2013）研究表明，在甘蔗幼苗期、分蘖期、伸长期和成熟阶段，滴流灌溉能有效地提高甘蔗的营养物质利用率。江雨倩等（2016）研究表明，在同样氮素水平下，采用滴灌替代传统的漫灌模式可减少 N_2O 排放量 29.4%，氮肥利用率和灌溉水利用效率分别提高 14.62% 和 43.54%，是未来设施菜地值得推荐的一种生产技术。李小泉等（2014）发现在广西典型旱地及水田地蕉园分别应用膜下双滴灌技术和单滴灌技术，可以缩短香蕉生育期，高效增产，同时还能提高水分利用率，达到节水节肥的目的。马海洋等（2016）研究表明，滴灌技术可使菠萝根系、茎、芽等营养元素向果实迁移，并促进干物质在土壤中的分布与累积。杜军等（2013）研究表明，滴灌施肥能够显著地促进葡萄新梢的生长发育，并有助于糖分的运输与累积。王文军等（2018）研究表明，水肥一体减量施肥后番茄可溶性总糖和可溶性固形物含量降低，维生素 C 含量增加，适量减施氮肥对番茄红素含量有促进作用。

表 4-2　水溶肥处理对作物的影响效果

研究人员	年份	对作物的影响效果
彭云霞等	2024	柴胡幼苗施用腐植酸水溶肥后，茎高、叶数、根粗和根长分别显著增加 36.82%、37.03%、42.78% 和 22.38%，幼苗抗逆能力提高，光合作用增强
Zhao 等	2024	施用水溶肥显著提高了盐碱地土壤综合理化性状、作物生长、土壤酶活性等关键指标。水溶肥应用有效地提高了养分水平，包括有机质，并增加了土壤酶的活性
朱忠锐等	2018	喷灌可减少水分蒸发和渗漏，有利于水分贮存。有限灌溉和合理减施氮肥，有利于小麦后期的干物质积累
王文军等	2018	水肥一体减量施肥番茄可溶性总糖、可溶性固形物含量下降，维生素 C 含量增高，适当减少肥料用量有利于番茄红素含量的提高
邓忠等	2017	肥水过高或过低会使各器官养分失调，适宜追施氮肥可延长棉铃增长，保证有效铃数和良好株型结构
江雨倩等	2016	在相同施氮量的条件下，改常规漫灌方式为滴灌，能降低设施菜地 N_2O 排放 29.4%，同时氮肥和灌溉水利用效率分别提高 14.62% 和 43.54%，是未来设施菜地值得推荐的一种生产技术
马海洋等	2016	滴灌有利于菠萝根、茎、冠芽养分向果实移动，促进干物质的分配和积累
宋亚辉等	2015	滴灌施肥可以增加荚果和籽仁的产量，进而对花生具有增产作用
张国桥等	2014	滴灌追施磷肥的效果较基施磷肥好，可满足玉米后期对磷的需求，有效增加穗粒数、穗重和穗粗
李小泉等	2014	在广西典型旱地及水田地蕉园可分别采用膜下双滴灌及单滴灌模式进行灌溉施肥，可缩短香蕉生长期，有效提高产量，提高水肥利用效率，实现节水节肥
谭宏伟等	2013	滴灌对甘蔗的苗期、分蘖期、伸长期和成熟期的养分吸收有促进作用。
杜军等	2013	滴灌施肥能有效促进葡萄新梢生长，有利于糖分输送和积累

4.3 水溶肥研究的总体现状

水溶肥检索到 CNKI 期刊论文共 131 篇，CNKI 学位论文共 64 篇，WoS 核心合集英文论文共 1 775 篇（图 4-1）。CNKI 水溶肥的首篇期刊论文在 1992 年发表，首篇学位论文在 2009 年发表，说明我国学者们对水溶肥的研究开始时间较晚。在 1990—2010 年，CNKI 中期刊论文和学位论文有关水溶肥的发表只有零星几篇；在 2010 年后水溶肥逐渐受到农业学者们的关注，总体上期刊论文和学位论文上升趋势较快。有关水溶肥期刊论文数量在 2022 年最高，达到了 19 篇；学位论文数量在 2023 年达到最高，共发表 10 篇相关学位论文。WoS 核心合集中关于水溶肥的首篇期刊论文在 1934 年发表，英文首篇期刊论文发表时间比中文期刊论文要早一些。总体上，WoS 核心合集英文论文从 1934 年开始到目前为止，发文量随时间的增长呈现出上升的趋势，其间有个别年份发文量有所下降，论文数量在 2023 年最高，达到 124 篇。

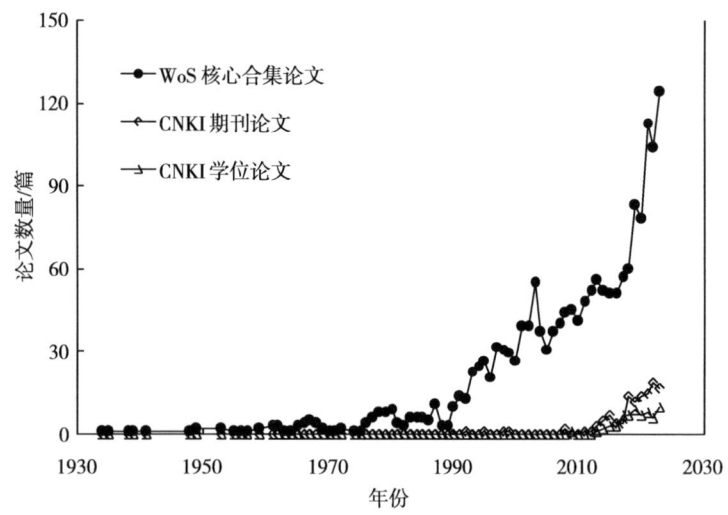

图 4-1 水溶肥研究论文随时间分布

分析水溶肥研究领域强势研究机构如表 4-3 所示，CNKI 数据库期刊论文第一单位和学位论文发表数量前 10 位的研究机构，在水溶肥研究领域的主要研究机构为农林类科研机构，期刊论文发文量前 4 位的机构分别为中国农业大学、河海大学、中国热带农业科学院、河北省农林科学院；学位论文发文量前 5 位的机构分别为南京农业大学、山东农业大学、安徽农业大学、湖南农业大学、吉林农业大学。WoS 核心合集英文论文数量前 10 位的我国机构有 2 个，其中中国科学院发文量为 67 篇。

表 4-3 水溶肥研究机构分布

编号	期刊论文 第一单位	数量	学位论文 研究机构	数量	WoS 论文 研究机构	数量
1	中国农业大学	14	南京农业大学	6	Indian Council of Agricultural Research	68
2	河海大学	5	山东农业大学	6	Chinese Academy of Sciences	67
3	中国热带农业科学院	5	安徽农业大学	4	University of Florida	66
4	河北省农林科学院	4	湖南农业大学	4	State University System of Florida	66
5	新疆农业科学院	4	吉林农业大学	4	United States Department of Agriculture	63
6	海南省植物保护总站	3	甘肃农业大学	3	Ministry of Agriculture & Rural Affairs	39
7	南京农业大学	3	宁夏大学	3	Agriculture & Agri Food Canada	29
8	内蒙古农业大学	3	西北农林科技大学	3	Consejo Superior de Investigaciones Cientificas	29
9	中国科学院	3	东北农业大学	2	ICAR – Indian Institute of Soil Sciences	28
10	金正大生态工程集团股份有限公司	3	贵州师范大学	2	Universidade de Sao Paulo	26

水溶肥 CNKI 中文期刊论文共发表在 55 个期刊中，发文量前

10 位的期刊如表 4-4 所示，基本以农林类期刊为主，发文量超过 10 篇的期刊有 2 个，分别为《北方园艺》《中国土壤与肥料》期刊，显示了该研究领域发表论文较高的研究水平。WoS 核心合集英文论文共发表在 519 个国际期刊上，发文量前 10 位的期刊也以农林类期刊为主，发文量超过 40 篇的，为 Communications in Soil Science and Plant Analysis、Hortscience 和 Soil Science Society of America Journal。

表 4-4　水溶肥研究文献期刊分布

编号	中文期刊		英文期刊	
	名称	论文数量	名称	论文数量
1	北方园艺	18	Communications in Soil Science and Plant Analysis	82
2	中国土壤与肥料	12	Hortscience	44
3	江苏农业科学	7	Soil Science Society of America Journal	43
4	中国蔬菜	7	Nutrient Cycling in Agroecosystems	36
5	果树学报	6	Plant and Soil	35
6	华北农学报	5	Fertilizer Research	30
7	中国瓜菜	5	Journal of Environmental Quality	29
8	土壤	4	Journal of Plant Nutrition	29
9	西南农业学报	4	Science of the Total Environment	27
10	新疆农业科学	4	Agronomy-Basel	26

4.4　水溶肥研究的热点分析

绘制水溶肥共现图谱如图 4-2 所示，将频次较高的关键词列在表 4-5。水溶肥、产量、品质是水溶肥研究领域所关注的重点，并以这些关键词引出多条线与其他关键词构成了共现网络结构，共现网络中关键词与关键词之间相互交叉，并且还涉及光合作用、土壤、腐植酸、重金属等领域，说明国内对水溶肥的研究所涉及的范围较广。国内水溶肥研究关注热点是产量（47）、水溶肥（44）、品质（27）等。与 CNKI 中文共现网络相比，英文文献数据库共现网络中由关键字引出的线组成的共现网络结构更为稠密，表明国内外关于水溶肥的研究领域范围较大。国内外水溶肥研究关注热点是 nitrogen（206）、growth（144）、soil（141）、phosphorus（117）、fertilizer（116）等。国内外水溶肥领域研究关注的热点整体相似，都比较关注对作物生长、产量品质等的影响。也有不同之处，国内研究水溶肥侧重于肥料整体情况，而国际研究点更侧重于水溶性氮肥和水溶性磷肥分别对作物的影响。

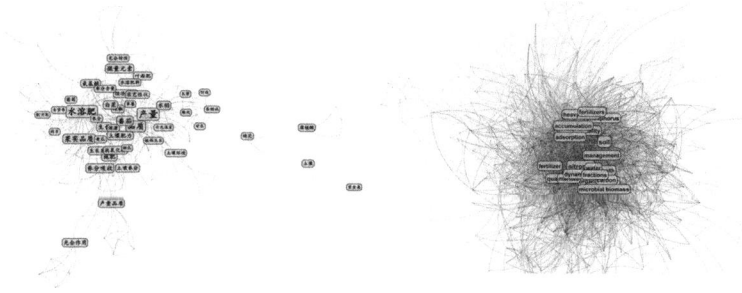

图 4-2　水溶肥文献数据的关键词共现网络

表 4-5　水溶肥文献数据的高频关键词

编号	中文		英文	
	关键词	频次	关键词	频次
1	产量	47	nitrogen	206
2	水溶肥	44	growth	144
3	品质	27	soil	141
4	果实品质	16	phosphorus	117
5	番茄	10	fertilizer	116
6	生长	8	availability	100

(续表)

编号	中文		英文	
	关键词	频次	关键词	频次
7	施肥	7	yield	93
8	养分吸收	6	phosphate	81
9	水稻	6	management	79
10	农艺性状	5	heavy metals	71

由图 4-3 CNKI 文献结果显示，国内水溶肥文献关键词共现网络共形成 10 个聚类，揭示了水溶肥研究领域中的知识基础结构和动态演化规律。Q 值为 0.666（>0.3）表示聚类是有效的，平均轮廓值 S 为 0.934 表明结果是可信的。#0、#1、#2、#4、#6、#7、#9、#10 聚类相互交叉，其中聚类#0、#1、#2 可以概括为水溶肥对果实生长发育、品质以及产生的经济效益的影响；聚类#6、#7、#9 可以概括为学者们比较关注水溶肥中的微量元素对黄瓜、马铃薯等粮食作物的作用。WoS 核心合集英文文献结果显示，国际水溶肥文献关键词共现网络共形成 11 个聚类，标识了该研究领域的知识基础结构及其动态演进的过程。Q 值 0.423 6（>0.3）表示聚类是

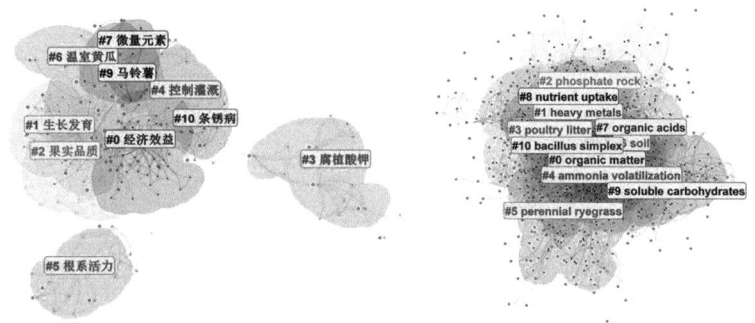

图 4-3 水溶肥文献数据的关键词聚类图谱

有效的，平均轮廓值 0.756 5 表明结果是可信的。11 个聚类之间彼此交互重叠，聚类#0、#6、#10 可以归类为施加水溶肥会对土壤有机质以及微生物群落产生影响。此外，国际学者们还比较关注聚类#1 heavy metals、#2 phosphate litter、#3 poultry litter 等方面。

4.5　水溶肥研究的演化趋势

如图 4-4 所示，在 CNKI 数据库中，从 1995 年开始，出现了关于水溶肥的研究文献，从#0 到#2 聚类的数据数量都是相对较多的，这说明了这些聚类领域的重要性，聚类#3 腐植酸钾横跨整个研究时间段，但聚类的数据数量相对较少。高频关键词产量（0.46）、水溶肥（0.35）、养分吸收（0.11）的中介中心度>0.1，这些词往往为连接不同领域的关键枢纽。在 WoS 核心合集英文数据库中，聚类#0 的文献数量相较于其他聚类较多，并且时间跨度大；聚类#1 在 1990—2005 年文献较多，后期文献较少；聚类#2 和聚类#3 文献数量较多，但时间跨度相较于聚类#0 有所减少；其他聚类文献相对较少。整体上，国际学者们近年来比较关注 organic matter、

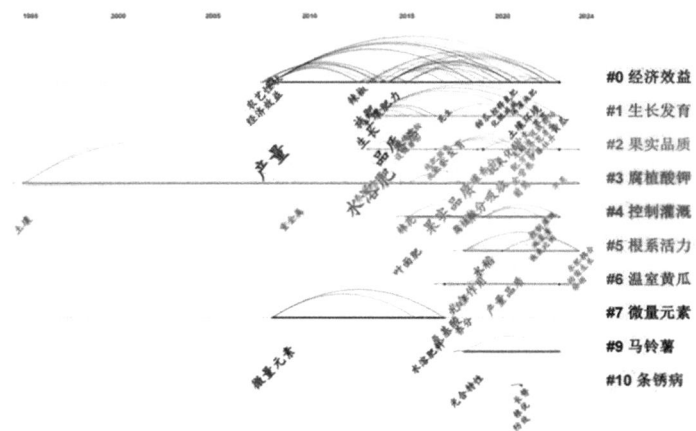

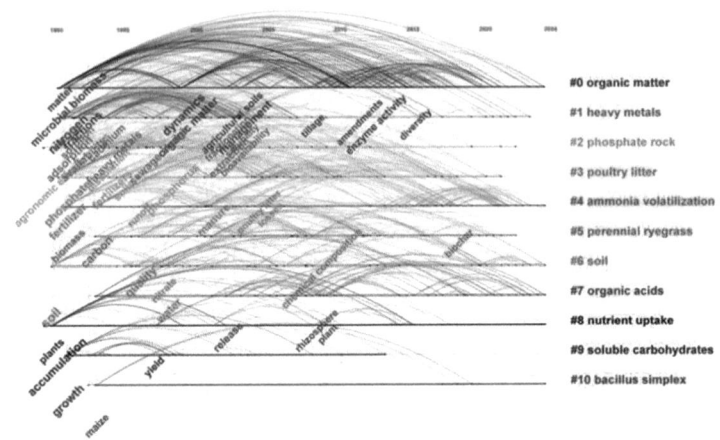

图 4-4 水溶肥文献数据的时间线图

ammonia volatilization、soil、organic acids、nutrient uptake、bacillus simplex。

提取水溶肥研究领域的突现词,分析水溶肥研究热点趋势。表 4-6 中文文献中前 20 个突现词显示,前期 1995 年学者们主要关注水溶肥对土壤的作用以及影响,时间跨度从 1995 年至 2009 年,持续时间较长;2008—2009 年,学者们开始研究水溶肥中的微量元素对作物产量品质、经济效益的影响;后期研究者关注不同类型的水溶肥对常见作物生长发育的影响,也比较关注水溶肥在土壤肥力、养分吸收等机制机理方面的研究。英文文献前 20 个突现词中,1992—2002 年,国际学者们研究侧重点在水溶肥中的微量元素(铜、锌、锰)对作物以及土壤的作用;2004—2013 年,国际学者们关注水溶肥的施肥、耕作方法以及水的质量等问题;2015—2021 年,学者们开始关注水溶肥对土壤有机质、微生物群落以及肥料利用率影响等问题。

第四章 水溶肥研发及应用研究现状与演化

表4-6 水溶肥文献数据的突现词

中文突现词	年份	强度	开始年份	结束年份	英文突现词	年份	强度	开始年份	结束年份
土壤	1995	1.22	1995	2009	copper	1992	6.04	1992	2003
白菜	2008	1.76	2008	2014	fertilizers	1994	4.99	1994	2004
微量元素	2008	1.7	2008	2018	soils	1995	8.5	1995	2012
经济效益	2008	1.55	2008	2014	zinc	2000	5.48	2000	2007
重金属	2009	1.35	2009	2012	corn	1992	5.74	2002	2010
滴灌	2013	1.17	2013	2017	manganese	1994	5.25	2002	2007
土壤肥力	2014	1.03	2014	2015	water quality	2004	5.62	2004	2011
聚磷酸铵	2015	1.22	2015	2016	runoff	1996	5.61	2004	2010
设施番茄	2015	1.22	2015	2016	losses	2005	7.64	2005	2015
棉花	2015	1.05	2015	2019	manure	2001	6.54	2006	2016
生长发育	2017	0.84	2017	2021	tillage	2008	5.33	2008	2014
小白菜	2018	1.02	2018	2019	nitrogen fertilizer	2006	5.23	2012	2014
土壤质量	2018	1.02	2018	2019	management	2003	5.67	2013	2020
水稻	2019	1.01	2019	2022	organic matter	1999	5.11	2015	2017
土壤养分	2019	0.85	2019	2020	biomass	1991	5.14	2016	2019
果实品质	2017	2.04	2020	2022	sequestration	2014	4.98	2017	2018
抗氧化酶	2020	1.42	2020	2021	use efficiency	2016	6.34	2018	2024
养分吸收	2019	1.83	2022	2024	urea	2020	6.12	2020	2024
氨基酸	2017	1.65	2022	2024	fertilization	1993	6.39	2021	2024
草莓	2022	1.26	2022	2024	removal	2017	6.11	2021	2024

参考文献

陈清,张强,常瑞雪,等,2017. 我国水溶性肥料产业发展趋势与挑战 [J]. 植物营养与肥料学报, 23 (6): 1642-

1650.

陈清, 周爽, 2014. 我国水溶性肥料产业发展的机遇与挑战 [J]. 磷肥与复肥, 29 (6): 20-24.

崔德杰, 杜志勇, 2016. 新型肥料及其应用技术 [M]. 北京: 化学工业出版社.

邓忠, 翟国亮, 王晓森, 等, 2017. 灌溉和施氮策略对滴灌施肥棉花蕾铃脱落的影响 [J]. 灌溉排水学报, 36 (8): 1-6.

杜军, 沈润泽, 马术梅, 等, 2013. 宁夏贺兰山东麓葡萄滴灌灌溉水肥一体化技术研究 [J]. 中国农村水利水电 (8): 65-69.

冯先明, 王保明, 彭全, 等, 2017. 我国水溶肥的发展概况与建议 [J]. 现代化工, 38 (1): 6-11.

付强强, 郑瑞永, 李万和, 等, 2019. 固体水溶性肥料生产工艺现状 [J]. 磷肥与复肥, 34 (5): 20-22.

郝启添, 2023. 水溶肥生产工艺的创新发展 [J]. 化工管理 (11): 134-137.

黄平, 2022. 物理混配法水溶肥生产技术改造总结 [J]. 肥料与健康, 49 (3): 65-68.

江雨倩, 李虎, 王艳丽, 等, 2016. 滴灌施肥对设施菜地 N_2O 排放的影响及减排贡献 [J]. 农业环境科学学报, 35 (8): 1616-1624.

金波, 2020. 水溶肥发展现状和存在问题的研究 [J]. 盐科学与化工, 49 (11): 1-2, 7.

李小泉, 张进忠, 韦绍龙, 等, 2014. 三种水肥一体化滴灌模式在旱地与水田香蕉园的应用试验 [J]. 中国热带农业 (2): 80-82.

刘鹏, 张振都, 童旭宏, 等, 2013. 水溶性肥料的发展研究进展 [J]. 现代农业科技 (13): 243-244.

马海洋, 石伟琦, 刘亚男, 等, 2016. 不同灌溉施肥模式对菠萝产量及水肥利用效率的影响[J]. 热带作物学报, 37 (10): 1882-1888.

彭云霞, 王国祥, 蔡子平, 等, 2024. 腐植酸水溶肥对柴胡 *Bupleurum chinense* 幼苗生长及其生理特性的影响[J]. 中国中药杂志, 49 (7): 1802-1808.

宋亚辉, 刘朝芳, 李玉荣, 等, 2015. 花生水肥一体化最佳施肥量研究[J]. 现代农业科技, (17): 12-13.

谭宏伟, 刘永贤, 周柳强, 等, 2013. 基于滴灌条件下的甘蔗施肥减量技术研究[J]. 热带作物学报, 34 (1): 24-28.

王文军, 朱克保, 叶寅, 等, 2018. 水肥一体肥料减量对大棚番茄产量、品质和氮肥利用率的影响[J]. 中国农学通报, 34 (28): 38-42.

杨建民, 尹俊东, 2013. 浅析塔式熔体造粒技术现状与发展趋势[J]. 化肥工业, 40 (3): 27-28.

张国桥, 王静, 刘涛, 等, 2014. 水肥一体化施磷对滴灌玉米产量、磷素营养及磷肥利用效率的影响[J]. 植物营养与肥料学报, 20 (5): 1103-1109.

张强, 付强强, 陈宏坤, 等, 2017. 我国水溶性肥料的发展现状及前景[J]. 山东化工, 46 (12): 78-81.

朱忠锐, 范永申, 段福义, 等, 2018. 喷灌条件下灌水与施肥对河西走廊春小麦不同生育期硝态氮分布的影响[J]. 节水灌溉 (3): 6-10.

ZHAO S, LIU G, XIONG J, et al., 2024. Evaluation of hydrochar-derived modifier and water-soluble fertilizer on saline soil improvement and pasture growth [J]. Scientific Reports, 14 (1): 16759.

第五章　商品有机肥研发及应用研究现状与演化

5.1 商品有机肥概述

有机肥也被称作农家肥，其主要源于农村与城市中能够用作肥料的有机物，涵盖人畜粪尿、农村堆沤肥、城市垃圾以及绿肥杂肥等，是传统农业生产的重要原料（徐卫红等，2016）。有机肥料来源广泛，种类繁多，只要是含有机质且能供给各种营养物质的物质，均可称为有机肥料。伴随商品经济的不断发展，经过工厂化加工的有机肥料大量出现，使有机肥料突破了传统化肥的限制，逐步走向商品化，并最终成为一种商品化的有机肥料。

商品有机肥的优势在于其一是它能满足农作物对营养物质的需要，提高化肥的利用率。有机肥所含的营养成分较为丰富，除含有植物所必需的氮、磷、钾等多种营养成分之外，还有许多中、微量元素，并以有机质形式储存，缓慢地释放出来，供作物生长所需。有机质分解可生成有机酸，既可加速矿物风化，又可通过络合（螯合）提高营养元素的可利用性（武升等，2019）。有机质降解后生成的腐殖物质富含活性基团，如有机酸、酚类和含氮硫杂环化合物，易于与土壤中的铜、锌、铁、锰等元素形成复合或螯合，以满足农作物对微量元素的需要（邹文秀等，2020）。有机肥的施用能够达到有机和无机营养的互补，使化肥的利用效率大大提高。其二是能够培肥地力，改善土壤结构。有机肥中的有机质、腐殖质与黏土、钙离子的络合作用，促进了土壤团聚体的形成，增强了土壤的保水能力；提高土壤阳离子交换量，由于更多可交换离子被替代中和，土壤的缓冲性能显著增强。魏猛等（2017）长期定位试验发现，有机肥能提高土壤全氮、碱解氮、全磷、有效磷等含量。施用有机肥后，土壤有机质含量明显增加，大团聚体数量增多，团聚体稳定性增强。在土壤微生物的作用下，有机肥能够形成一种有机胶体的腐殖质，能将土壤颗粒紧密黏结在一起，形成稳定的团聚体，提高了土壤的通气透水性，改善了土壤水、肥、气、热条件，对农作物的健康发育具有重要意义（徐卫红等，2016）。

此外，商业有机肥料还可以改善土壤微生态，降低农作物的病虫害。有机肥作为微生物的主要能量来源，既能促进其自身营养元素的分解、转化与释放，又能促进土壤原有的矿质营养元素（如磷、钾等）的释放，有利于土壤微生物的生长与增殖，进而优化土壤微生物群落结构与功能（宁川川等，2016）。有机肥中富含有益菌，一方面会与致病微生物争夺生存环境和资源，从而发挥拮抗作用，另一方面又能产生抑制致病微生物生长的物质。另外，有机肥中含有的无机盐、抗生素等能直接抑制病原菌，同时有机物在土壤中分解生成的挥发物对病原菌具有毒性，能有效地防治连作障碍。

5.2 商品有机肥的研发与作用效果

5.2.1 商品有机肥的研发

商品有机肥生产主要物料包括畜禽粪便，城市污泥，生活垃圾，糠壳饼麸，农作物秸秆，制糖和造纸业污泥，食品和发酵行业的废弃物，以及城市和农村的有机固体废弃物。商品有机肥的生产流程由两个方面组成，第一个是对有机物进行堆沤、发酵、分解，以杀死病原微生物、寄生虫卵，进行无害化处理；第二个是腐解物的造粒工艺，它的功能是使有机肥的商品性状优良，营养成分稳定，肥料利用率高，便于运输，储存，销售，使用等。

（1）有机物料的发酵腐熟

有机物料的发酵腐熟方面，商品有机肥工厂化生产通常采用以固态好气发酵为核心的集约化处理工艺，其工艺流程涵盖固液分离、物料预处理、堆沤发酵、翻堆、腐熟等环节。研究发现，发酵本质上是微生物降解有机物的过程，而供气量、温度、湿度、碳氮比（C/N）等因素是影响发酵效果的重要因素，而如何为好气微生物营造适宜的生长环境则是实现这一目标的关键。在堆沤过程中，堆温与 pH 值持续升高，致使氮素挥发损失。减少氮素损失以及防止有机质过度分解是提升商品有机肥质量的关键所在，可通过改进物料预处理、调节 C/N、水分、pH 值以及控制发酵温度和时间等方面入手，来解决上述问题。

（2）腐熟物料的造粒生产

腐熟物料的造粒生产方面，腐熟物料通常质地较为粗糙，黏结性不佳，成粒存在困难，是制约我国有机肥产业发展的瓶颈问题。在有机肥造粒方面，历经传统的挤压和圆盘工艺后有了一定突破，新的造粒设备采用转鼓或喷浆工艺（孙文等，2024）。

①挤压造粒：把腐熟物料与适量无机肥配合，经由模具挤压或者碾压而形成颗粒，随后直接装袋。此工艺对原料的选用及预处理有较高的要求，须将其调整到合适的含水率，并且要求其结构细致、黏结性好。其具有以下优点：工艺简便，可免去干燥工序；产品水分含量高，柱状颗粒粗大，粒度均匀，但在运输和储存中容易发生破碎；生产能力相对偏低，所需动力较大，设备容易损坏。

②圆盘造粒：大多数有机物料都可以用圆盘工艺制粒。原料经过烘干和微量研磨后，加入适量肥料，送到转盘上，混合物料通过增湿器喷雾黏结，通过圆盘转动将物料包裹成粒，然后再次干燥、过筛、装袋。该工艺的特点是：对物料的选择要求不高，但是需要先进行干燥粉碎，工序较为烦琐；形成的是球形颗粒，成粒率相对偏低，外观不够理想；生产能力适中，相比之下所需动力较小。

③转鼓造粒：该工艺是在滚筒内部设计一种特殊的造粒装置，

利用物料微粒间的撞击和镶嵌作用,将高湿度的有机组分直接制粒。其具有以下特点:用途广泛,对材料没有特别的要求;该工艺操作简便,无需烘干、破碎等预处理,可直接在生产线上进行生产;产品呈球形,成粒率高,产品质量好。

④喷浆造粒:该工艺是一种利用发酵工业中所产生的有机废水浓缩液,经过多次蒸发和浓缩后,加入一定比例的矿物肥,制成浆料,然后将其送到喷浆机中,通过高温热风闪蒸干燥得到颗粒。其具有以下特征:有机肥的生产范围狭窄,原料选用局限于浆料;设备投入较大,能源消耗大;它是一种集喷浆干燥和造粒为一体的设备,使用简便;产品呈球粒状,具有优良的物理性能和较高的商品等级。

5.2.2 商品有机肥的作用机理

有机肥料在施用到土壤中后,必须经过微生物的分解、腐烂后,才能为农作物提供营养。有机肥料中含有丰富的营养元素,但含量较少,且释放速度较慢。

(1) 畜禽粪便有机肥的作用机理

畜禽粪便有机肥富含有机质和氮、磷等多种大量养分元素,同时还含有其他微量元素以及较为丰富的蛋白质,是优良的有机肥料来源(郭佳俐等,2021)。充分发酵的畜禽粪便可以极大地减少对农作物和土壤的不良效应,增加土壤养分,有利于土壤微生物的繁殖,改善土壤性质,从而提升作物的产量与品质(安思雨等,2019)。

(2) 蚯蚓粪便有机肥的作用机理

蚯蚓粪便具有生物有机肥的功能性特征,兼具有机肥和生物菌剂的优点(徐宪斌,2017),其含有大量的细菌、放线菌和真菌,能够将土壤中的难分解物质矿化成可供植物直接利用的活性成分(李欢等,2011),促进糖、维生素、氨基酸等生物活性成分的合成(王明友等,2015),同时也富含矿物质、有机质、腐殖质、酶及植物激素等(胡艳霞等,2004),具有良好的生态效益。

（3）植物源有机肥的作用机理

植物源有机肥环境兼容性好，在自然界中能自行降解，不容易被其他生物或食物链浓缩富集，对人畜安全，害虫不易产生抗药性，对环境无污染（费希望，2020），在培肥土壤、提升地力、推动作物生长发育、实现增产增收、提高品质、促进农业废弃物资源化利用、优化环境等方面成效显著，是在农业生产中具有较大推广应用价值的生态肥料（Barakat et al., 2012）。

（4）微生物有机肥的机理

利用大气中丰富的氮素，将氮素转化为可被植物所利用的固定态氮素，并通过有益菌群的代谢，生成特定的酸和酶，激活土壤中的难溶性磷、钾等，使其转化为可被植物吸收的形态。在改善土壤理化性状、生物学性状、促进作物生长发育、改善果实品质、提高化肥利用率等方面具有明显效果。

（5）复合化生物有机肥的机理

复合化生物有机肥不仅含有糖类、氨基酸、蛋白质、脂肪、有机酸、酶等有机营养成分，还含有氮、磷、钾大量元素和钙、镁、硫等中量元素，以及铁、锰、铜、锌、钼等微量元素。此类肥料中的这些养分，一方面能够为作物给予全面的营养支持，另一方面还能切实地改良土壤的保水性、保肥性以及通气状态等，进而为作物营造出良好的生长环境（付小猛等，2017）。此外，复合生物有机肥中还含有维生素、氨基酸、核苷酸、吲哚乙酸、赤霉素等生理活性物质。这些物质能够对作物根系生长起到刺激作用，增强作物的新陈代谢水平，促使作物苗壮成长（Li et al., 2015）。同时，生物有机肥进入土壤后，使根际有益菌数量增多，在根际环境中形成优势菌群，可有效抑制病原菌增殖，降低连作障碍（侯云鹏等，2009）。

5.2.3 商品有机肥的作用效果

有机肥施入土壤后，需要经过微生物的分解和腐烂后，才能释放营养物质，而化肥施入土壤后即可发挥作用。由此可见，有机肥料中含有的营养成分较多、浓度低且释放缓慢;化肥则与之相反,养分单一,浓度高且生效迅速。二者都有自己的优点和不足之处,有机肥应与化肥配合施用才能扬长避短,充分发挥其效益。

有机肥具有如下3种功能。

①改良土壤,培肥地力 有机肥的主要成分为有机质,还田后有机肥可提高土壤有机质含量,促进有机碳累积。有机质能改善土壤理化性质,促进土壤熟化,有机肥还田能明显减少土壤氮、磷淋失(谢国雄等,2020)。

②增加作物产量和提高农产品品质 有机肥富含有机质和多种养分,除了氮、磷、钾等养分,还有许多糖类、氨基酸等,既能给农作物提供养分,又能增强土壤微生物活性。此外,有机肥料还含有多种微量元素,每100 kg 畜禽粪便中含有硼 $2.2 \sim 2.4$ g、锌 $2.9 \sim 29.0$ kg、锰 $14.3 \sim 26.1$ kg、钼 $0.3 \sim 0.4$ kg、有效铁 $2.9 \sim 29.0$ kg(徐卫红等,2016)。

③提高化肥利用率 有机肥料中所含的营养成分较多,但其相对含量较低且释放速度缓慢。而化肥单位养分含量高,成分单一,释放迅速。将两者合理配合施用能够相互补充,有机酸也可促进土壤及肥料中的矿质营养元素的溶出。有机无机肥和无机肥配合使用,有利于作物的吸收和利用。尽管有机肥料中含有多种营养物质,但各种营养元素的含量都很低,而且含有大量的细菌,所以需要进行存放腐熟来杀灭病菌,再与化学肥料配合使用,效果会更为理想。商品有机肥对养分吸收及产量的影响效果如表5-1所示。

表5-1 商品有机肥处理对作物的影响效果

研究人员	年份	对作物的影响效果
王蓓等	2024	木霉生物有机肥替代30%化肥不仅能够有效提高茄子的株高、茎粗,而且能显著提高茄子的可溶性蛋白和维生素C含量,有效改善茄子的品质,同时对于增加茄子产量和经济效益也效果明显

(续表)

研究人员	年份	对作物的影响效果
Verediana 等	2024	有机肥配氮对普通豆的形态性状有一定的影响,以滤饼为基料的有机肥对大量营养元素氮、钾的吸收更大,百粒重、单荚粒数、单株荚果数和籽粒产量均比不施肥或不施用矿物肥的情况下有所提高
成零	2023	生物有机肥代替20%尿素可有效促进莴笋生长,提升莴笋产量和品质,可作为黑水县莴笋种植较为科学的施肥方式
蔡佳佩等	2020	化肥减量20%配施有机肥处理较常规施肥处理的全氮、铵态氮与全磷平均值分别降低了6.5%、9.1%和3.1%,降低了氮、磷地表径流产生的农田面源污染风险
闫佳会等	2020	有机肥替代显著降低土壤硝态氮淋失风险,0~20 cm土壤铵态氮和硝态氮减少22.87%~76.17%和10.84%~80.48%
陈猛猛等	2019	与单独施用无机肥相比,有机肥与磷肥配施能够显著促进滨海盐渍化土壤水稻根系生长,提高水稻产量及磷肥农学效率
何浩等	2019	较常规肥料处理,常规肥料与有机肥配施处理促进了玉米的生长,增加了不同生育期的玉米株高和茎粗
李林林等	2019	有机肥有助于提高苎麻土壤微生物多样性指数,增强微生物代谢功能,从而有利于改善苎麻农艺性状,促进增产
Wang 等	2019	长期化学氮磷钾和有机肥在更大程度上提高了小麦和玉米的秸秆和谷物的产量,将有机肥料与化学氮磷钾肥料混合使用可防止土壤酸化并提高作物产量
李文军等	2015	在湖南常德国家稻田肥力与肥料效应长期定位试验的研究表明,有机肥配施化肥增强了土壤团聚体中有机碳的积累

5.3 商品有机肥研究的总体现状

商品有机肥检索到CNKI期刊论文共281篇,CNKI学位论文共158篇。如图5-1所示,CNKI中关于商品有机肥的首篇期刊论文在1996年发表,首篇学位论文在2003年发表。CNKI期刊论文和学位论文在1996—2013年都呈现波动式上升趋势;在2013—2016年这段时间国内在商品有机肥方面的研究成果较少;2016年后又呈现一定的上升趋势,期刊论文和学位论文数量在2021年达到顶峰,分别为28篇和19篇;在随后的两年商品有机肥的文献呈现下降趋势。WoS核心合集中关于商品有机肥的首篇期刊论文在1928年发表,英文第一篇文章较中文期刊更早地发表,在2023年商品有机肥有关的文献在英文期刊发表的论文数量几乎是中文期刊的10倍。总体上,WoS核心合集英文论文从1928年开始到目前为止,发文量随时间的增长呈现出不断上升的趋势,期间有个别年份发文量有所下降,论文数量在2022年最高,达到166篇。

商品有机肥在CNKI研究期刊论文和学位论文发表数量前10

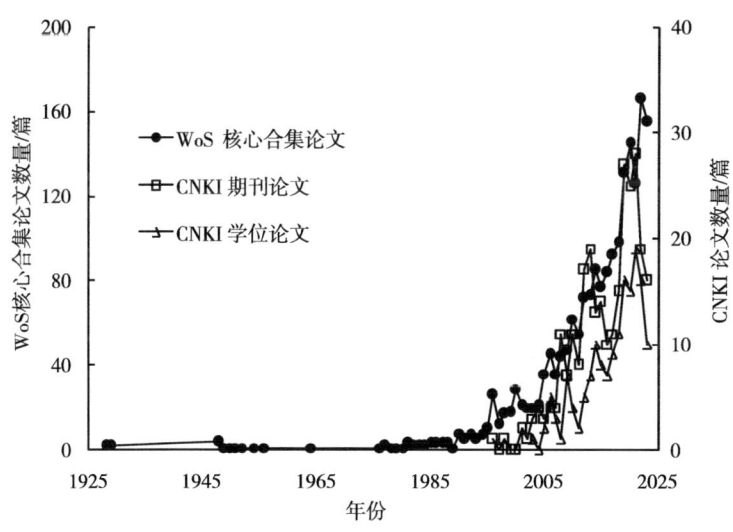

图5-1 商品有机肥研究论文随时间分布

位的研究机构如表 5-2 所示。在商品有机肥研究领域主要研究机构为农林类科研机构，中文期刊论文发文量较多的第一单位研究机构分别为中国农业科学院和南京农业大学，学位论文发文量超过 10 篇的有 4 个高校，其中南京农业大学发表学位论文 31 篇，在商品有机肥研究领域成果斐然。WoS 核心合集商品有机肥发表论文数量前 10 位的研究机构，来自我国的机构有中国科学院，发表论文 38 篇。

表 5-2 商品有机肥研究文献研究机构分布

编号	期刊论文		学位论文		WoS 论文	
	第一单位	数量	研究机构	数量	研究机构	数量
1	中国农业科学院	31	南京农业大学	31	United States Department of Agriculture	97
2	南京农业大学	17	西北农林科技大学	15	Consejo Superior de Investigaciones Cientificas	46
3	西北农林科技大学	12	中国农业科学院	13	State University System of Florida	38
4	海南大学	9	浙江大学	12	Chinese Academy of Sciences	38
5	广东省农业科学院	8	山东农业大学	8	Consiglio per la Ricerca in Agricoltura e L'analisi Dell'economia Agraria	34
6	江苏省农业科学院	7	西南大学	6	University of Florida	32
7	农业农村部	5	海南大学	5	Agriculture & Agri Food Canada	31
8	山东省农业科学院	5	四川农业大学	5	University of California System	30
9	浙江大学	5	浙江农林大学	5	Indian Council of Agricultural Research	28
10	安徽农业大学	4	东北农业大学	4	INRAE	28

商品有机肥 CNKI 期刊论文共发表在 105 个中文期刊中，发表论文数量前 10 位的期刊如表 5-3 所示，基本以农林类期刊为主，

发文量超过 10 篇的期刊有 5 个，分别为《植物营养与肥料学报》《中国土壤与肥料》等期刊，显示了该研究领域发表论文较高的研究水平。WoS 核心合集英文论文共发表在 619 个国际期刊上，发表论文数量前 10 位的期刊以农林类期刊为主，其中 *Communications in Soil Science and Plant Analysis* 最多，为 45 篇。

表 5-3 商品有机肥研究文献期刊分布

编号	中文期刊 名称	论文数量	英文期刊 名称	论文数量
1	植物营养与肥料学报	16	*Communications in Soil Science and Plant Analysis*	45
2	中国土壤与肥料	16	*Science of the Total Environment*	44
3	江苏农业科学	13	*Agronomy-Basel*	39
4	农业环境科学学报	11	*Bioresource Technology*	34
5	土壤	11	*Scientia Horticulturae*	34
6	土壤通报	9	*Hortscience*	32
7	中国蔬菜	9	*Sustainability*	28
8	中国烟草科学	8	*Journal of Cleaner Production*	27
9	北方园艺	7	*Journal of Plant Nutrition*	25
10	上海农业学报	7	*Journal of Environmental Management*	24

5.4 商品有机肥研究的热点分析

绘制商品有机肥关键词共现图谱如图 5-2 所示，频次较高的关键词列在表 5-4。有机肥、产量、重金属、品质是商品有机肥研究领域所关注的重点，共现网络中关键词与关键词之间相互交叉，并且还涉及土壤养分、畜禽粪便、养分释放等领域。国内商品有机肥研究关注热点是有机肥（116）、产量（64）、重金属（34）、品质（32）等。与 CNKI 中文共现网络相比，在英文文献数据共现网络中，以关键词为线索构成的共现网络结构更加密集,说明了国际上在商用有机肥方面的研究具有广阔的应用前景。国际商品有机肥研究关注热点是 growth（246）、nitrogen（242）、soil（219）、yield（194）等。国内和国际上商品有机肥领域研究关注的热点整体相似,也有不同之处,都比较关注有机肥对作物生长、产量品质等的影响。

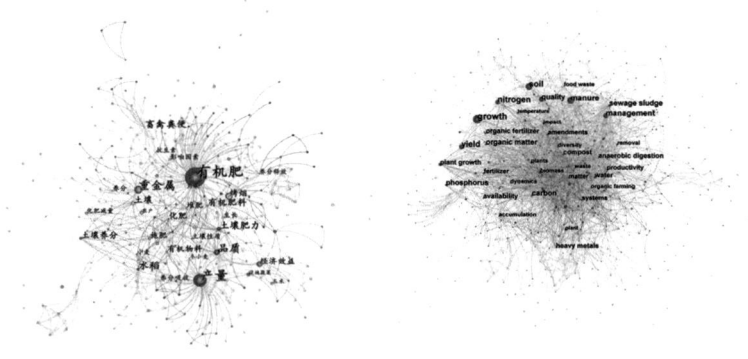

图 5-2　商品有机肥文献数据的关键词共现网络

表 5-4　商品有机肥文献数据的高频关键词

编号	中文		英文	
	关键词	频次	关键词	频次
1	有机肥	116	growth	246
2	产量	64	nitrogen	242
3	重金属	34	soil	219
4	品质	32	yield	194
5	水稻	21	manure	174
6	畜禽粪便	19	management	144
7	土壤肥力	19	organic matter	124
8	有机肥料	15	carbon	116

(续表)

编号	中文		英文	
	关键词	频次	关键词	频次
9	土壤	15	quality	107
10	土壤养分	13	sewage sludge	100

由图 5-3 CNKI 文献结果显示，国内商品有机肥文献关键词共现网络共形成 10 个聚类，揭示了商品有机肥研究领域中的知识基础结构和动态演化规律。Q 值为 0.696 5（>0.3）表示聚类是有效的，平均轮廓值 S 为 0.913 7 表明结果是可信的。#0、#3、#5、#6 聚类相互交叉。从聚类图中可以看出研究学者对有机肥原料（如烤烟和畜禽粪便等）、作物产量品质，以及肥料作用机理等热点比较关注。WoS 核心合集英文文献结果显示，国际商品有机肥文献关键词共现网络共形成 10 个聚类，标识了该研究领域的知识基础结构及其动态演进的过程。Q 值 0.468 3（>0.3）表示聚类是有效的，平均轮廓值 0.745 1 表明结果是可信的。聚类中的关键词所引出的线构成的聚类网络密集而复杂，其中聚类#1、#2、#8 可以

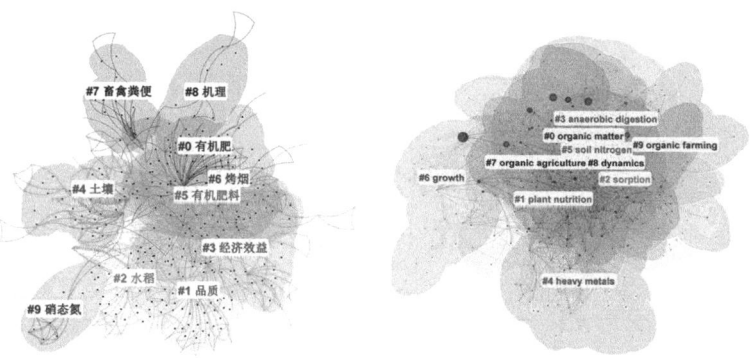

图 5-3 商品有机肥文献数据的关键词聚类图谱

概括为学者们对商品有机肥对作物养分吸收的动力学机理比较关注。此外国际学者还关注#3 anaerobic digestion、#4 heavy metals 等。

5.5 商品有机肥研究的演化趋势

如图5-4所示，在CNKI数据库中，从1996年开始，出现了关于商品有机肥的研究文献，聚类文献数量并不多，说明国内对商品有机肥领域的研究还较少；从#0到#2聚类的数据数量都是相对较多的，说明了这些聚类领域的重要性，聚类#0有机肥横跨整个研究时间段；关键词有机肥（0.65，#0）、品质（0.12，#1）、水稻（0.11，#2）、烤烟（0.12，#6）的介中心度>0.1，这些词往往为连接不同领域的关键枢纽。在WoS核心合集英文数据库中，聚类#0、#1、#2、#3的文献数量相较于其他聚类较多，其中聚类#2、#3相较于其他聚类时间跨度较大，说明了这些聚类领域的重要性；聚类#0在1995—2010年聚类文献较多，后期聚类文献较少；而对于聚类#1来说2005—2024年这一时间段聚类文献较多。整体上，国际学者近年来关注plant nutrition、sorption、anaerobic digestion、heavy metals、soil nitrogen。

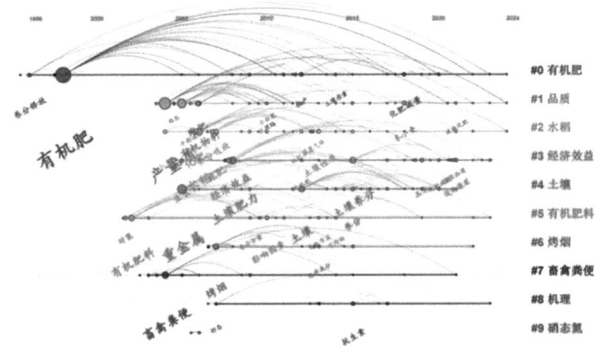

第五章 商品有机肥研发及应用研究现状与演化

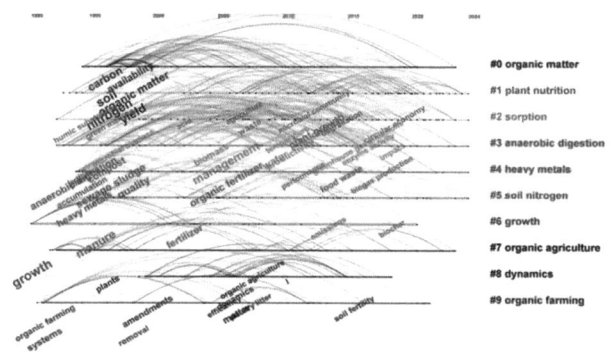

图 5-4　商品有机肥文献数据的时间线图

分析商品有机肥研究研究趋势如表 5-5 所示。中文文献中前 20 个突现词中，早期学者们比较关注商品有机肥的施肥措施、有机肥原料等方向；在 2015 年以后，学者们开始关注商品有机肥对土壤养分、肥力影响的研究；由于近些年国家提出化肥减施政策，商品有机肥领域也关注减施化肥对作物经济效益的影响。英文文献商品有机肥前 10 个突现词，早期学者关注此肥料对土壤理化性质的影响；除了 1992 年突现词 soils 以外，2000—2022 年这段时间大致可以分为两个时期。2000—2015 年，这段时间学者们比较关注有机肥原料以及施用方法等，这一点与国内研究大致相同；2017—2022 年，由于传统化肥大量使用会造成环境污染、水资源浪费等问题，研究学者们逐渐把关注点转移到绿色肥料、可持续性农业发展等方向，且关注商品有机肥肥料利用率、土壤肥力等热点。

表 5-5　商品有机肥文献数据的突现词

中文突现词	年份	强度	开始年份	结束年份	英文突现词	年份	强度	开始年份	结束年份
有机肥料	2002	1.66	2002	2006	soils	1992	4.59	1992	2013
平衡施肥	2006	1.67	2006	2009	mineralization	2000	6.17	2000	2010

· 81 ·

(续表)

中文突现词	年份	强度	开始年份	结束年份	英文突现词	年份	强度	开始年份	结束年份
配合施肥	2006	1.45	2006	2011	composts	2000	5.05	2000	2014
烤烟	2007	3.25	2007	2015	organic farming	1991	5.69	2004	2017
堆肥	2006	1.99	2009	2010	organic amendments	1994	6.47	2005	2013
土壤	2012	3.57	2012	2018	suppression	1994	4.3	2006	2016
畜禽粪便	2004	2.74	2012	2016	poultry litter	2007	5.65	2007	2015
有机农业	2013	1.73	2013	2014	tillage	2004	5.09	2012	2015
重金属	2005	3.45	2014	2020	soil quality	2015	4.67	2015	2019
抗生素	2015	2.61	2015	2017	green manure	1996	5.52	2017	2020
养分	2015	2.46	2015	2017	biochar	2018	4.92	2018	2024
土壤养分	2015	1.99	2016	2022	impact	2018	4.49	2018	2024
影响因素	2010	2.23	2017	2019	waste water	2014	5.69	2019	2022
土壤肥力	2008	4.31	2018	2024	use efficiency	2015	5.68	2019	2022
化肥减量	2018	2.99	2018	2020	sustainable agriculture	2015	4.53	2020	2024
经济效益	2008	3.73	2019	2021	nutrient	2015	5.9	2021	2024
玉米	2019	2.77	2019	2020	maize	1997	5.1	2021	2024
小麦	2004	1.39	2019	2021	soil fertility	2015	4.79	2021	2024
农地确权	2020	1.44	2020	2022	circular economy	2018	5.35	2022	2024
减施化肥	2021	1.49	2021	2024	community	2014	5.05	2022	2024

参考文献

安思羽,李艳霞,张雪莲,等,2019. 我国果菜茶中畜禽粪便有机肥替代化肥潜力 [J]. 农业环境科学学报,38（8）：

1712-1722.

蔡佳佩，朱坚，彭华，等，2020. 有机肥施用对田面水氮磷流失风险的影响 [J]. 环境科学研究，33（1）：210-217.

陈猛猛，张士荣，吴立鹏，等，2019. 有机-无机配施对盐渍土壤水稻生长及养分利用的影响 [J]. 水土保持学报，33（6）：311-317，325.

成零，2024. 生物有机肥替代部分化肥对莴笋生长和产量的影响 [J]. 特种经济动植物，27（6）：13-15.

费希望，2020. 新型植物源生物有机肥在水稻上的减肥效果初探 [J]. 上海农业科技（2）：81-82.

付小猛，毛加梅，沈正松，等，2017. 中国生物有机肥的发展现状与趋势 [J]. 湖北农业科学，56（3）：401-404.

郭佳俐，郑蕾，朱立新，等，2021. 畜禽粪便资源化处理的研究进展 [J]. 中国乳业（11）：47-55.

何浩，张宇彤，危常州，等，2019. 不同有机替代减肥方式对玉米生长及土壤肥力的影响 [J]. 水土保持学报，33（5）：281-287.

侯云鹏，秦裕波，尹彩侠，等，2009. 生物有机肥在农业生产中的作用及发展趋势 [J]. 吉林农业科学，34（3）：28-29.

胡艳霞，孙振钧，孙永明，等，2004. 蚯蚓粪对黄瓜炭疽病的系统诱导抗性作用 [J]. 应用生态学报，15（8）：1358-1362.

李欢，向丹，李晓林，等，2011. 蚯蚓粪和生物有机肥对土壤养分及夏玉米产量的调控作用 [J]. 土壤通报，42（5）：1179-1183.

李林林，张浪，王继龙，等，2019. 有机肥对苎麻土壤微生物功能多样性及农艺性状的影响 [J]. 中国麻业科学，41（2）：49-60；88.

李文军，彭保发，周诗彪，等，2015. 长期施肥对洞庭湖水稻土物理性状及团聚体中有机碳积累的影响［J］.农业环境科学学报，34（4）：761-768.

宁川川，王建武，蔡昆争，2016.有机肥对土壤肥力和土壤环境的影响研究进展［J］.生态环境学报，25（1）：175-181.

孙文，刘春生，陈海林，等，2024.畜禽养殖废弃物生产有机肥发酵技术及设备研究现状［J］.农业工程，14（4）：9-13.

王蓓，李伟明，黄忠阳，等，2024.化肥减施条件下木霉生物有机肥对茄子生长和品质的影响［J］.土壤，56（3）：666-671.

王明友，张红，李士平，等，2015.蚯蚓粪与化肥配施对西瓜地土壤活性有机碳及酶活性的影响［J］.水土保持通报，35（4）：101-106.

魏猛，张爱君，诸葛玉平，等，2017.长期不同施肥方式对黄潮土肥力特征的影响［J］.应用生态学报，28（3）：838-846.

魏猛，张爱君，诸葛玉平，等，2017.长期施肥下甘薯产量稳定性及品质特性研究［J］.西北农业学报，26（4）：588-595.

武升，邢素林，马凡凡，等，2019.有机肥施用对土壤环境潜在风险研究［J］.生态科学，38（2）：219-224.

谢国雄，胡康赢，王忠，等，2020.不同施肥对蔬菜地氮磷垂直淋移影响的研究［J］.江西农业学报，32（3）：1-7.

徐卫红，2016.新型肥料使用技术手册［M］.北京：化学工业出版社.

徐宪斌，2017.蚯蚓粪配施化肥对玉米根际土壤生物学特征的影响［J］.水土保持通报，37（1）：78-82.

闫佳会，侯璐，姚强，等，2020.有机肥替代化肥对大葱产量、品质和土壤氮淋失的影响［J］.西北农业学报，29

(8): 1243-1249.

邹文秀,韩晓增,陆欣春,等,2020. 肥沃耕层构建对东北黑土区旱地土壤肥力和玉米产量的影响 [J]. 应用生态学报, 31 (12): 4134-4146.

BARAKAT M R, YEHIA T, SAYED B, 2012. Response of newhall naval orange to bio-organic fertilization under newly reclaimed area conditions I: Vegetative growth and nutritional status [J]. Journal of Horticultural Science & Ornamental Plants, 4 (1): 18-25.

LI X L, ZENG Q, LI H L, et al., 2015. Effects of bio-organic fertilizer with antagonistic bacteria against tobacco bacterial wilt on soil microbial communities and disease resistance of tobacco [J]. Agricultural Biotechnology, 4 (6): 61-65.

VEREDIANA A, GISELE C, RENATO A, et al., 2023. Development and yield of common bean in response to organomineral fertilization based on filter cake [J]. Journal of Plant Nutrition, 46 (14): 3292-3311.

WANG H, XU J, LIU X, et al., 2019. Effects of long-term application of organic fertilizer on improving organic matter content and retarding acidity in red soil from China [J]. Soil & Tillage Research, 195: 104382-104382.

第六章 微生物肥研发及应用研究现状与演化

6.1 微生物肥概述

微生物肥也被称为微生物肥料、生物肥料、接种剂、菌肥等，它是一种以微生物的生命活动为核心，让作物获得一定的肥料效果的肥料产品。微生物资源十分丰富，具有多种功能，可用于生产不同用途的肥料。微生物能够通过人工选育并不断地进行纯化和复壮，以此提高其活力。特别是伴随生物技术的进一步发展，利用基因工程方法获得所需的菌株已具备可行性。微生物是使微生物肥产生效应的重要因素。微生物肥为一类活菌制品，在施用到植物种子、根际或者土壤时，凭借菌肥中微生物的生命活动，利用其自身的代谢作用，将土壤中的矿质元素、植物残体等转化为可利用的有机化合物，同时也有助于构建缺失的微生物群落（周萌等，2023），以改善土壤、植物生长状况，特别是养分环境。例如，固定空气中的游离氮元素，促进土壤营养物质转化，提高可利用性营养物质，分泌激素以刺激植物根系的生长发育，抑制有害微生物活性等（徐卫红等，2016）。从广义上讲，微生物肥是指集农作物所需要的各种养分和微生物的产物，是一种生物和有机无机相结合的产物，能够替代化肥为作物提供各种必需的养分（崔德杰等，2016）。

微生物肥能为土壤提供有益菌群，但其作用大小与土壤含水量、pH 值、光照、温度、有机质、残糖含量、包装材料等因素有关。微生物肥使用量小，减少了对环境的污染。适宜作物及适宜区域是确保微生物肥发挥功效的关键。建议定向选择适合于碱性和酸性土壤的菌株，或针对某些农作物的菌株（徐卫红等，2016）。微生物肥是活菌制剂，其有效期一般为3个月。微生物肥中所含的特定微生物应经鉴定，并对人、畜、植物无害，对生态环境有一定的保护作用。

微生物肥具有如下功能（表6-1）：一是利用多种自生、联合、共生的固氮微生物菌剂和部分芽孢杆菌、假单胞菌等，分解土壤中难溶性的磷素和钾素，并分泌出小分子有机物，从而提高土壤养分供应和肥力（廖远飞，2024）；二是分泌能够刺激、调控作物生长、促进植株健康、提升农产品安全的植物激素（李涛等，2019）；三是能抑制病原微生物的增殖，降低作物病害（廖远飞，2024）；四是能诱导植物产生超氧化物歧化酶，增强农作物的抗逆能力（刘云露等，2024）；五是以生物固氮的方式帮助植物进行养分的吸收（王清湖等，1995）；六是在一定程度上取代了一些化肥，降低了化肥的施用量，缓解了由于过度施用而引起的土壤酸化、板结，以及对河流、地下水的污染（方伟等，2020）。

表6-1 微生物肥总体作用概述

影响方面	特点	效果
土壤肥力	各种自生、联合、共生的固氮微生物肥料，增加氮素来源；多种解磷、解钾微生物，将难溶的磷、钾分解出来；许多微生物产生胞外多糖物质	可以增加土壤中的养分来源，改善土壤团粒结构，提高土壤肥力
植物激素类物质	许多微生物可产生植物激素类物质，能刺激	调节作物生长和营养状况，改善农产品品质
有害微生物	有益微生物大量生长繁殖形成优势种群，或是产生拮抗病原微生物	减少病原微生物的生长繁殖，减轻作物病害的功效

(续表)

影响方面	特点	效果
作物的抗逆性	在植物受到病害、虫害、干旱、衰老等逆境时,一些菌种能诱导作物产生超氧化物歧化酶	消除因逆境产生的自由基,提高作物的抗逆性
植物营养吸收	根瘤菌肥等通过生物固氮将空气中的氮气转化成植物能吸收利用的氮素化合物	满足豆科植物对氮素的需求
化肥使用量	适量的减少化肥使用量,减轻了因化肥过量使用造成的土壤酸化、板结以及对江河湖泊和地下水的污染	减少化肥使用量,没有环境污染,有利于保护环境

6.2 微生物肥的研发与作用效果

6.2.1 微生物肥的研发

微生物肥的制作方法大致可分为发酵法和堆肥法。发酵法主要采用现代生物发酵技术将单一菌种或复合菌种接种于有机物料与填充料经发酵而制成微生物肥。堆肥法是将要堆腐的有机物料与填充料按一定比例混合后,在合适的通气和水分条件下,通过微生物繁殖并分解有机物从而产生高温,杀灭其中的病原菌及杂草种子,使有机物达到稳定化而形成微生物肥(李国学等,2000)。

(1)堆肥法

①微生物肥堆肥工艺。各种工艺的差异主要表现在处理的方法和手段上,原料的均匀性、水分含量及氧气状况对产品的稳定性有很大的影响。目前常用的方法有静态曝气、条形堆和发酵仓式(李艳霞等,2000;朴哲等,2001)。

②静态曝气堆肥工艺。将堆料按一定比例分成若干个堆型,采用通风管进行人工鼓风通气,无需翻堆。该工艺的优点在于能够方便地控制温度和通风,堆肥产品较为稳定,可有效杀灭病菌及杂草

种子，占地面积小，堆肥周期短等优势，但易受外界环境影响，在大量通气时氮元素损失较大，而且能耗较高。

③条形堆工艺。将堆肥物料以条垛的形式堆积，垛的断面可以呈梯形、不规则四边形或三角形，采用周期性的人工翻动或机械翻动，调节堆体内部的通气、湿度、温度等状态（袁田等，2009）。根据堆温、通气性等因素，采用翻堆方式对堆温、通气性进行调控，总体上，在前期，由于土壤中微生物活性较强，翻堆频次较高，在堆肥后期可降低翻堆次数。该方法具有设备简单、投资少、翻堆过程中水分挥发迅速、堆肥干燥快、堆腐产品稳定等优点。但其存在占地面积大、需要频繁的监测，翻堆过程中造成氮的损失和臭味散失等问题，且堆肥品质易受气象因素影响。

④发酵仓式工艺。将原料堆放于封闭或半封闭的容器中，通过调节通气和湿度，实现物料的生物转化与降解，具有较高的机械化、自动化。该工艺主要包括通风换气、控温、湿度控制、无害化控制及堆肥的腐熟等环节。该技术具有占地面积少、对水、气、温度等多个环节均有良好的调控作用，且堆肥过程中不会受到天气等因素的影响，实现了对废弃物的统一收集和处理，避免了对环境的二次污染，还能解决臭味问题，实现发酵过程的热能回收。该方法的不足之处在于：设备投入较大、运输费用及维护费用较高；产物具有不稳定的特性；仅靠数日时间的堆积，还不能实现腐熟，且后熟时间长。堆肥的发酵工艺基本相同，以上3种方法都有其优缺点，在选用时要根据不同的条件进行具体分析。

（2）发酵法

随着生物科技的迅速发展，有机无机肥料的生产和现代生物技术的融合，已成为农业的重要组成部分。莫海涛等（2003）提出了一种常用的微生物肥制备方法。微生物肥是在土壤中添加一种或多种微生物，再与有机物料和填充料进行混合发酵，制备而成的。该过程通过对具有较强活性的发酵菌进行人工接种，并通过其代谢活性对原料中有机物进行降解，实现原料的稳定化与无害化。采用加入木霉属微生物等纤维素和半纤维素的微生物等方法,提高其发酵能力;采用放线菌、EM 菌剂等方法,消除发酵过程中的难闻气味以及降低营养物质的流失。此外,根据需要还可以加入具有固氮、解磷、解钾等功能的复合微生物菌剂等(张毅民和万先凯,2003)。目前,市场上已开发了多种用于制备有机肥料的微生物菌剂。采用发酵法制备微生物肥,可以利用现代微生物技术,根据需要选择菌种或进行菌种组合,能大大缩短发酵周期,满足不同要求;也可依据特定植物以及功能方面的要求去进行精细产品的设计与开发。

6.2.2 微生物肥的作用机理

微生物肥主要是提供有益的微生物群落,微生物肥的作用主要有以下方面。

(1) 促进氮、磷、钾的转化,增进作物对养分的吸收

①固氮作用。这类肥料主要是根瘤菌肥和固氮菌肥。通过其中的微生物的活动来固定空气中的氮,提高土壤氮的利用效率,可将其划分为自生、共生和联合固氮 3 种。其中,共生固氮主要指的是根瘤菌与豆科植物的结瘤作用,与农林作物形成稳定的共生体系,具有高效稳定的固氮效果。生物固氮属于微生物参与达成的生化过程。

②溶磷作用。20 世纪初期,研究人员发现了微生物对土壤中的磷素的影响。将微生物分解含磷化合物划分为有机磷化合物的分解和无机磷化合物的分解。前者主要是由于微生物产生各种酶而参与其中的结果,后者主要是微生物在生命活动中产生有机酸和无机酸的效果。

③解钾作用。土壤中钾素含量较高,远远超过其他养分,但 90%以上的钾素都以硅酸盐矿物形式存在,难以被植物吸收利用。硅酸盐细菌肥料能分解含钾矿物云母、长石、磷灰石等,促进难溶性钾向可利用钾的转化(邹锦丰和周传志,2021)。

(2) 利用有益微生物的代谢产物(细胞分裂素),刺激作物的生长

微生物菌肥在施用到土壤中后,在微生物的代谢作用下,会生

成多种生物活性物质，如植物维生素、酸类物质等，对植物的生长发育具有促进作用。已有研究发现，大部分根际微生物（如固氮菌、假单胞菌、粪产碱杆菌、根瘤菌等）能够产生吲哚乙酸，部分细菌如假单胞菌、沙雷菌等可通过细胞分裂素诱导植株的根系伸长，延缓叶片脱落。另外，部分细菌肥料中的有效菌（如固氮根瘤菌等）能够产出赤霉素，具有促进地上茎叶和侧芽生长、解除休眠、并诱导开花（李涛等，2019）。

(3) 提高植株对病虫害的抗性，对干旱胁迫的抗性，从而改善了农作物的质量与产量

细菌肥料的控病机理主要是对病原菌的定殖和传播进行限制；通过改变土壤微生态平衡，提高作物的生长速度，诱导作物对病原菌的抗性；生成的铁螯合物能有效地阻止有害微生物的生长；产生诸如胞外溶解酶、氧化氰之类的抗生素。已有研究证实，菌根可增强植物的抗病性，并可增强宿主植物对病原菌的抵御力（张晓燕，2024）。

(4) 其他作用机制

微生物肥具有提高土壤有机质、提高地力的作用。生菌肥通过有效菌的活动，扩大作物与营养物质的接触面，从而提高作物对营养物质的吸收和利用能力。某些微生物肥中含有特殊的微生物，能够增强宿主的抗旱、耐盐碱、耐极端温度、耐 pH 值、抗重金属毒害等特性，增强宿主的抗逆能力。此外，微生物肥具有降低化肥用量、降低环境污染、改善微生态环境、调节微生态平衡等作用。

6.2.3 微生物肥的作用效果

微生物肥能够有效地促进作物苗期生长及产量品质的形成。

(1) 微生物肥对作物苗期生长的影响

光合作用产生的淀粉和其他有机物质为植物生长发育提供营养（表 6-2）。对照组的净光合速率（A）为 10.2 μmol

$CO_2 \cdot m^{-2} \cdot s^{-1}$,结果显示接种过丛枝菌根真菌肥料和改性菌肥处理的植株各项指标均有明显提高。AMF 处理净光合速率为 11.1 $\mu mol\ CO_2 \cdot m^{-2} \cdot s^{-1}$,AMF+葡萄糖+尿素处理与 AMF 处理相比净光合速率增加了 17.1%。这是因为菌肥的施加使花生植株枝叶变得旺盛,植株增高,主茎叶数也增多,从而增加了光照面积,而蒸腾作用可缓解叶片表面温度上升速率,使叶片处于适宜的温度,有利于光合作用的进行,提高了光合作用强度。AMF+葡萄糖处理明显提高了植株光合作用强度,其次是 AMF+葡萄糖+硝酸铵和 AMF+硝酸铵处理,这两种处理的结果相差不明显,AMF+葡萄糖+尿素处理显然没有提高菌肥活性,光合作用指标并没有提高。各处理根、茎、叶的干物重,从表中数据可以看出,菌肥的处理对植株茎的干物重无明显影响,对照组的根重 0.10 g,叶重 0.31 g,改性菌肥中根、叶重增加最明显的是 AMF+葡萄糖处理,根重 0.30 g,增加了 2 倍,叶重 0.58 g,增加了约 86%;其次是 AMF+硝酸铵的处理,根重 0.23 g,增加了 1 倍多,叶重 0.49 g,增加了约 58%;AMF+葡萄糖+尿素处理的影响不明显,根重 0.11 g,增加了 10% 以上。可见 AMF+葡萄糖的改性菌肥有机物含量多植物生长旺盛。

表 6-2 微生物肥(AMF 菌肥)对作物(花生)苗期干物重的影响

处理	净光合速率/($\mu mol\ CO_2 \cdot m^{-2} \cdot s^{-1}$)	根/g	茎/g	叶/g
对照	10.2	0.10	0.30	0.31
AMF	11.1	0.13	0.35	0.40
AMF+硝酸铵	16.0	0.23	0.37	0.49
AMF+尿素	12.4	0.16	0.30	0.45
AMF+葡萄糖	18.5	0.30	0.39	0.58

(续表)

处理	净光合速率/ ($\mu mol\ CO_2 \cdot m^{-2} \cdot s^{-1}$)	根/g	茎/g	叶/g
AMF+葡萄糖+尿素	13.0	0.11	0.31	0.24
AMF+葡萄糖+硝酸铵	15.8	0.19	0.30	0.36

(2) 微生物肥对作物养分吸收及生长发育的促进效果

与传统肥料相比，微生物肥具有提高肥料利用率和农作物品质、保护生态环境和土壤健康等多种优点（周萌等，2023）。因此，在微生物肥作用效果的研究中，微生物肥与植物品质的关系变得十分敏感，自然也成为各国学者研究的重点课题。土壤施用各种肥料的主要目的之一是提高植物的产量，微生物肥也不例外。微生物肥与植物产量之间的关系，已成为微生物肥作用效果研究的一个重要方向，也是目前细菌肥料应用研究的一个热点问题。微生物肥能够有效促进作物的养分吸收及生长发育（表6-3）。

表6-3 微生物肥处理对作物的影响效果

研究人员	年份	对作物的影响效果
Naseri 等	2021	施加根瘤菌剂能在寄主植物的根或茎上诱导形成独特的根瘤，在这些根瘤中，根瘤菌将大气中的氮气转化为植物所需的氨
Youssef 等	2021	施用生物有机肥不仅能提高藜麦作物的产量及其种子的品质（如蛋白质、油脂等），还可以减少化学氮肥的使用。其残留效应还表现在随后两个牛长季的锦葵产量都有所提高
Sun 等	2020	与单施尿素相比，枯草芽孢杆菌替代50%尿素可降低NH_3的挥发，减少54%的土壤氮素流失，氮肥利用效率提高11.2%，作物产量提高5.0%
Lee 等	2009	添加 Rhodopseudomonasspp. BL6 和 KL9 能刺激番茄代谢活动，促进番茄果实重量和番茄红素含量的增加
万玉萍等	2015	在减少化学氮肥施用量、添加根瘤菌剂的条件下，大豆平均产量较常规施肥增产15.0%

6.3 微生物肥研究的总体现状

微生物肥检索到 CNKI 期刊论文共 995 篇，CNKI 学位论文共 963 篇、WoS 核心合集英文论文共 4 305 篇。如图 6-1 所示，CNKI 中关于微生物肥的首篇期刊论文在 1992 年发表，首篇学位论文在 2000 年发表。CNKI 期刊论文和学位论文在 1992—2023 年都呈现波动式上升趋势，并且在近些年上升趋势更为明显，说明国内对微生物肥的研究更为重视；CNKI 期刊论文和学位论文有关微生物肥的文献都在 2023 年达到最高，分别发表了 101 篇和 115 篇论文。WoS 核心合集中关于微生物肥的首篇期刊论文在 1961 年发表，首篇英文论文的发表时间比中文期刊的时间要早，在 2023 年微生物肥有关的文献在英文期刊发表的论文数量几乎是中文期刊的 6 倍；英文论文从 1961 年开始，发文量随时间的增长呈现出不断上升的

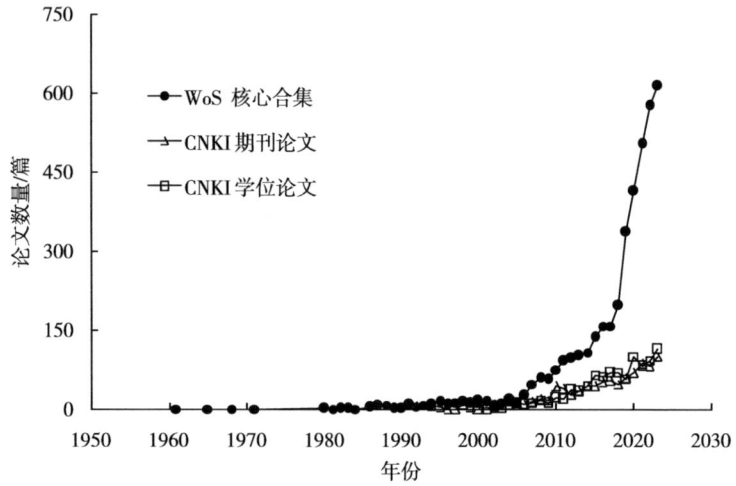

图 6-1 微生物肥研究论文随时间分布

趋势，其间有个别年份发文量有所下降，英文论文数量在2023年最高，达到614篇。

微生物肥研究期刊论文和学位论文发表数量前10位的研究机构如表6-4所示。CNKI数据库中期刊论文和学位论文发表机构均显示，在微生物肥研究领域的主要研究机构为农林类科研机构，中文期刊论文发文量较多的第一单位研究机构分别为甘肃农业大学和山西农业大学，学位论文发文量超过30篇的有5个高校，其中山东农业大学和山西农业大学学位论文为66篇和61篇，是微生物肥研究领域发表学位论文最多的2个研究机构。WoS核心合集微生物肥英文论文数量前10位的研究机构中来自我国的机构有2个，其中中国科学院发表相关论文105篇。

表6-4 微生物肥研究文献研究机构分布

编号	期刊论文 第一单位	数量	学位论文 研究机构	数量	WoS论文 研究机构	数量
1	甘肃农业大学	48	山东农业大学	66	Indian Council of Agricultural Research	174
2	山西农业大学	36	山西农业大学	61	Egyptian Knowledge Bank	169
3	山东农业大学	26	西北农林科技大学	48	Chinese Academy of Sciences	105
4	中国农业科学院	24	甘肃农业大学	41	ICAR – Indian Agricultural Research Institute	90
5	河南农业大学	21	内蒙古农业大学	35	Empresa Brasileira de Pesquisa Agropecuaria	73
6	内蒙古农业大学	17	南京农业大学	27	Islamic Azad University	68
7	吉林农业大学	15	广西大学	25	Ministry of Agriculture & Rural Affairs	61
8	中国科学院	14	吉林农业大学	24	Council of Scientific & Industrial Research – India	58

(续表)

编号	期刊论文		学位论文		WoS 论文	
	第一单位	数量	研究机构	数量	研究机构	数量
9	福建农林大学	14	东北农业大学	22	Chinese Academy of Agricultural Sciences	58
10	中国农业大学	13	河南农业大学	22	Banaras Hindu University	53

微生物肥 CNKI 期刊论文共发表在 222 个中文期刊中，发表论文数量前 10 位的期刊如表 6-5 所示，基本以农林类期刊为主，发文量超过 20 篇的期刊有 5 个，在《北方园艺》《江苏农业科学》《中国蔬菜》《中国土壤与肥料》等微生物肥方向研究文献较多，显示了该研究领域发表论文较高的研究水平。WoS 核心合集英文论文共发表在 972 个国际期刊上，发表论文数量前 10 位的期刊以农林类期刊为主，*Agronomy-Basel* 发文量最多，为 81 篇。

表 6-5 微生物肥研究文献期刊分布

编号	中文期刊		英文期刊	
	名称	论文数量	名称	论文数量
1	北方园艺	83	*Agronomy-Basel*	81
2	江苏农业科学	46	*Frontiersin Microbiology*	77
3	中国蔬菜	31	*Journal of Plant Nutrition*	75
4	中国土壤与肥料	31	*Indian Journal of Agricultural Sciences*	69
5	中国农学通报	21	*Bioresource Technology*	60
6	安徽农业科学	17	*Frontiers in Plant Science*	59
7	水土保持学报	17	*Science of the Total Environment*	51
8	草原与草坪	16	*Journal of Soil Science and Plant Nutrition*	50
9	河南农业科学	16	*Microorganisms*	50
10	植物营养与肥料学报	15	*Sustainability*	49

6.4 微生物肥研究的热点分析

中文文献数据关键词共现图谱显示（图6-2），微生物肥的研究重点关键词主要在菌肥、品质、产量、土壤养分等方面，并以这些词语引出多个其他关键词，关键词与关键词之间相互交叉并形成共现网络，在共现网络中微生物肥领域还涉及生物防治、连作障碍等方面。如表6-6所示，国内微生物肥的研究文献最高频关键词，研究关注热点是产量（228）、品质（155）、生物菌肥（145）等。相对于CNKI的中文共现网络，英文关键字作为线索所形成的共现网络更为紧密，主要是由plant growth、yield、soil等关键词构成共现网络，这表明国际微生物菌肥领域的研究有着广泛的发展潜力。对微生物肥的英文研究文献进行关键词分析，获得最高频关键词，国际微生物肥研究关注热点是growth（703）、soil（534）、yield（448）等。

 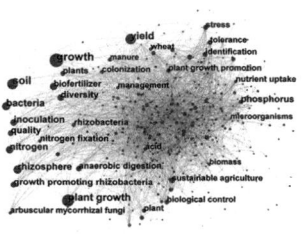

图 6-2　微生物肥文献数据的关键词共现网络

表 6-6　微生物肥文献数据的高频关键词

中文关键词	频次	英文关键词	频次
产量	228	growth	703

(续表)

中文关键词	频次	英文关键词	频次
品质	155	soil	534
生物菌肥	145	plant growth	498
菌肥	129	yield	448
土壤养分	80	bacteria	358
连作障碍	64	nitrogen	292
生长	60	rhizosphere	270
有机肥	55	inoculation	268
玉米	44	diversity	240
土壤肥力	42	phosphorus	198

由图 6-3 CNKI 文献结果显示，国内微生物肥文献关键词共现网络共形成 10 个聚类。Q 值为 0.572 6（>0.3）表示聚类是有效的，平均轮廓值 S 为 0.828 3（>0.7）表明结果是可信的；聚类彼此之间相互交叉，其中聚类#0、#1、#3、#5 可以概括为生物菌肥对水稻等作物品质的影响；聚类#7、#8、#9 可以概括为有机菌肥对土壤微生物的影响；另外国内学者还比较关注#2 果实品质、#4 平邑甜茶、#6 连作障碍等方面。WoS 核心合集英文文献结果显示，微生物肥文献关键词共现网络共形成 10 个聚类，标识了该研究领域的知识基础结构及其动态演进的过程；Q 值 0.456 9（>0.3）表示聚类是有效的，平均轮廓值 S 为 0.737 8（>0.7）表明结果是可信的；聚类网络密集而复杂，其中聚类#5、#6 可以概括为微生物肥能够为植物提供营养，促进植物生长；除此之外，国际学者还比较关注#0 anaerobic digestion、#1 phosphate solubilization、#2 biological control 等。

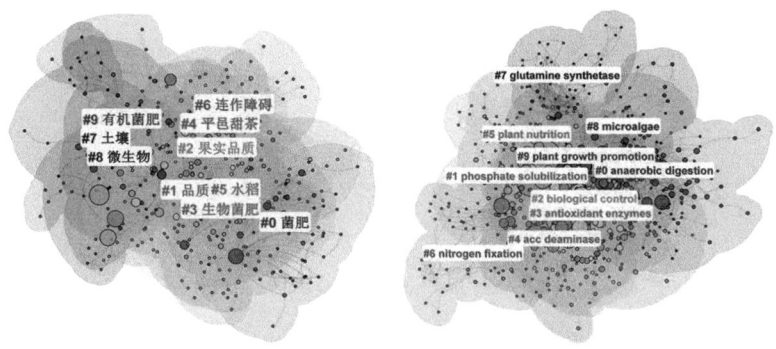

图 6-3 微生物肥文献数据的关键词聚类图谱

6.5 微生物肥研究的演化趋势

如图 6-4 所示,在 CNKI 数据库中,从 1993 年开始,出现了关于微生物肥的研究文献,目前我国在微生物肥方面的研究还比较薄弱;从#0 到#2 聚类的数据数量都是相对较多的,这说明了这些聚类领域的重要性,聚类#0 菌肥横跨整个研究时间段;关键词品质(0.14,#1)、生物菌肥(0.11,#3)、菌肥(0.26,#0)的中介中心度>0.1,这些词往往为连接不同领域的关键枢纽。在 WoS 核心合集英文数据库中,聚类#0、#1、#2、#3 的文献数量相较于其他聚类较多;聚类#1、#6 相较于其他聚类时间跨度较大,说明了这些聚类领域的重要性;聚类#0 在 1995—2005 年聚类文献较少,后期聚类文献较多;整体上,国际学者们近年来比较关注 anaerobic digestion、phosphate solubilization、biological control、nitrogen fixation 等方面。

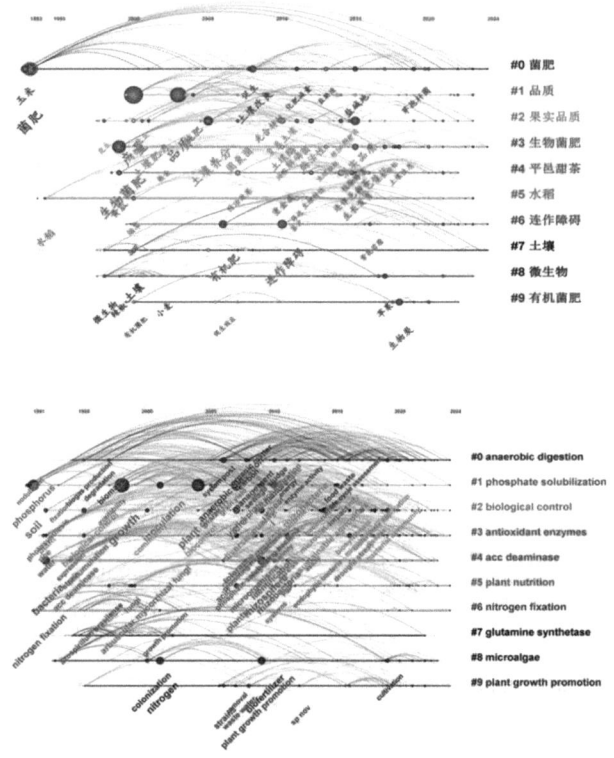

图 6-4 微生物肥文献数据的时间线图

提取微生物肥研究领域的突现词，分析微生物肥研究热点趋势（表 6-7）。中文文献中前 20 个突现词，微生物肥突现时间段可以分为 2 个部分：第一部分为 2008—2017 年，学者们关注菌肥筛选鉴定，菌肥应用于玉米、烤烟等作物的效果以及菌肥对土壤酶活性的影响；第二部分为 2018—2022 年，学者较为关注生物炭、生物防治、促生、连作障碍、化肥减施等方面。英文文献前 20 个突现词，微生物肥突现时间段可以分为 3 个部分：第一部分为 1991—1998 年，学者们主要关注菌肥固定等问题；第二部分为 2003—2010 年，学者们主要

第六章 微生物肥研发及应用研究现状与演化

关注菌肥对根的影响,还比较关注 phosphorus、phosphate solubilization 等方面;第三部分为 2013—2022 年,学者们对菌肥的研究侧重于微观方面,如 microbial biomass、anaerobic digestion、soil health 等方面。

表 6-7 微生物肥文献数据的突现词

中文突现词	年份	强度	开始年份	结束年份	英文突现词	年份	强度	开始年份	结束年份
肥料	2001	3.34	2008	2010	nitrogen fixation	1991	13.53	1991	2014
烤烟	2000	4.43	2010	2011	fixation	1993	8.35	1993	2017
筛选	2011	3.67	2011	2014	association	1993	6.01	1993	2012
鉴定	2011	3.39	2011	2017	bacterial fertilizer	1994	8.44	1994	2012
土壤酶	2010	3.74	2012	2018	azospirillum brasilense	1995	11.88	1995	2014
玉米	1993	5.94	2013	2016	blue green algae	1995	6.92	1995	2013
连作	2014	5.11	2014	2018	azospirillum	1998	8.25	1998	2014
菌肥	1993	4.52	2014	2015	roots	2003	6.15	2003	2013
植物修复	2015	4.16	2015	2019	inoculation	2001	6.71	2005	2015
有机菌肥	2000	4.49	2017	2019	phosphorus	1991	9.97	2008	2015
生物炭	2018	4.62	2018	2024	organic matter	2008	6.06	2008	2018
生物防治	2010	3.22	2018	2022	phosphate solubilization	2009	7.75	2009	2016
促生	2008	3.53	2019	2022	growth	1998	9.25	2010	2012
连作障碍	2010	3.4	2020	2021	bacteria	1992	7.04	2010	2016
果实品质	2015	6.88	2021	2024	microbial biomass	2013	7.51	2013	2020
有机肥	2006	6.18	2021	2022	nutrient management	2013	6.94	2013	2019
苹果	2017	4	2021	2022	anaerobic digestion	2006	6.28	2017	2018
化肥减施	2021	3.51	2021	2022	biofertilizer application	2018	6.49	2018	2021

(续表)

中文突现词	年份	强度	开始年份	结束年份	英文突现词	年份	强度	开始年份	结束年份
芽孢杆菌	2019	5.23	2022	2024	suppression	2018	6.07	2018	2021
化肥减量	2011	3.5	2022	2024	soil health	2022	6.71	2022	2024

参考文献

崔德杰, 杜志勇, 2016. 新型肥料及其应用技术 [M]. 北京: 化学工业出版社.

方伟, 余晓, 王晶, 等, 2020. 施加石灰石粉和微生物肥料对发病山核桃林土壤化学性质和微生物群落的影响 [J]. 浙江农林大学学报, 37 (2): 273-283.

李国学, 张福锁, 2000. 固体废物堆肥化与有机复混肥生产 [M]. 北京: 化学工业出版社.

李涛, 张朝辉, 郭雅雯, 等, 2019. 国内外微生物肥料研究进展及展望 [J]. 江苏农业科学, 47 (10): 37-41.

李艳霞, 王敏建, 王菊思, 等, 2000. 填充料和通气对堆肥过程的影响 [J]. 生态学报, 20 (6): 1015-1020.

廖远飞, 2024. 微生物肥料对农田土壤改良及作物生长的促进作用研究 [J]. 农村科学实验 (16): 58-60.

刘云露, 宋善敏, 骆辑, 2024. 微生物肥料在提高农作物产量中的应用与效果分析 [J]. 工业微生物, 54 (2): 185-187.

莫海涛, 张小勇, 张建安, 等, 2003. 以木质素为载体固态发酵制备生物肥料的工艺条件 [J]. 食品与发酵工业 (5): 53-56.

朴哲, 崔宗均, 苏宝林, 2001. 高温堆肥物质转化与腐熟进度

的关系 [J]. 中国农业大学学报, 6 (3): 74-78.

万玉萍, 向往, 万勇, 2015. 根瘤菌肥在大豆栽培中的应用效果初报 [J]. 湖南农业科学 (6): 56-57.

王清湖, 敬岩, 秦娥月, 等, 1995. 微生物肥料在甘肃的应用研究及发展前景 [J]. 甘肃科学学报 (4): 62-65.

徐卫红, 2016. 新型肥料使用技术手册 [M]. 北京: 化学工业出版社.

袁田, 熊格生, 刘志, 等, 2009. 微生物肥料的研究进展 [J]. 湖南农业科学 (7): 44-47.

张晓燕, 2024. 微生物肥在农业生产中的应用研究 [J]. 种子科技, 42 (13): 155-157.

张毅民, 万先凯, 2003. 微生物菌群在生物有机肥制备中研究进展 [J]. 化学工业与工程, 20 (6): 523-527.

周萌, 张嘉俊, 罗洋, 2023. 微生物肥料的作用机理、现状及展望 [J]. 中国农学通报, 39 (33): 68-75.

邹锦丰, 周传志, 2021. 微生物肥料研究进展及发展前景 [J]. 现代农业科技 (22): 142-144.

LEE K H, KOH R H, SONG H G, 2009. Enhancement of growth and yield of tomato by Rhodopseudomonas sp. under greenhouse conditions [J]. Journal of microbiology, 46: 641-646.

NASERI B, YOUNESI H, 2021. Beneficial microbes in biocontrol of root rots in bean crops: a meta-analysis (1990-2020) [J]. Physiological and molecular plant pathology, 116: 101712.

SUN B, BAI Z, BAO L, et al., 2020. Bacillus subtilis biofertilizer mitigating agricultural ammonia emission and shifting soil nitrogen cycling microbiomes [J]. Environment international, 2020a, 144: 105989.

YOUSSEF M A, FARAG M I H, 2021. Co-application of organic manure and bio-fertilizer to improve soil fertility and production of quinoa and proceeding Jew's mallow crops [J]. Journal of soil science and plant nutrition, 21 (3): 2472-2488.

第七章 叶面肥研发及应用研究现状与演化

7.1 叶面肥概述

叶面肥通常是将农作物需要的营养物质以溶液的形式喷洒在作物的叶片上,而作物则是利用叶面的渗透和扩散来吸收营养,并将营养传递到作物的各个部位,为作物的生长和发育提供所需要的营养物质,所以也称为叶面施肥。叶面施肥是植物吸收营养成分的一种补充手段,用以弥补根系吸收养分的不足,但叶面施肥不能取代土壤施肥。叶面肥有如下特点:一是当作物出现一些缺素症状时,通过叶面喷施,可快速将营养物质从叶片中输送到植株体内,从而实现对作物的及时且有针对性地纠正作物的缺素症状;二是在水分过多、干旱等情况下,可以采用叶面喷洒的方法来加速植株的恢复;三是各类微量元素用量较小,若把叶面施肥集中喷洒在作物叶片上,便减少了肥料的吸收与运输流程,从而降低化肥的损耗;四是磷、铁、锰、铜、锌等肥料在土壤中容易被固定,而用叶面喷洒的方法可以达到很好的增产效果;五是由于土壤中某些营养成分或某些重金属的浓度偏高,影响了植物对其他营养物质的吸收,采用叶面喷洒的方法来减轻某些元素造成的毒害。此外,通过施用叶面肥料,可以降低因施用化肥引起硝酸盐等土壤污染状况(徐卫红等,2016)。

叶面肥尽管存在以上诸多优势,但由于根系比叶片具有更大、更完备的吸收体系,因此,叶面肥不能取代土壤肥料,尤其是对于需求量较大的营养元素,像氮、磷、钾等,更要重视土壤的养分供应。总之,农作物肥料的施用以土壤为主体,必须在土壤施肥的基础上配合施用叶面肥,才能够充分发挥叶面肥在增产和提高质量方面的作用。

7.2 叶面肥的研发与作用效果

7.2.1 叶面肥的研发

叶面肥生产中使用多种原料进行混配,其技术要点是原材料的选用及配方构成,其种类及技术如表7-1所示。

①无机营养型叶面肥:简单的无机营养型叶面肥只添加1~2种元素,像尿素、过磷酸钙浸出液之类,而比较复杂的叶面肥可以添加数种到数十种。可以为作物供应各种营养元素,从而改善作物的营养状态,特别适合在作物生长后期进行各种营养元素的补充(秦征等,2011)。

②氨基酸类叶面肥料:主要是由动植物的下脚料(如动物有机废弃物、铬革类固体废弃物、豆粕、活性污泥等)或其他原料经发酵或水解后的产物组成(史舟芳等,2015),在此基础上,再加入微量的游离态或配位态的微量元素。这种叶面肥最适合在大棚蔬菜苗期喷施,并且可以和氨基酸的铜盐、锌盐、镍盐或铁盐和农药混合使用,不仅可以促进植株的生长,而且可以有效地控制一些农作物的病虫害。

③腐植酸类叶面肥:腐植酸是一组天然的羟基芳香族酸,按其溶解性可划分为棕腐酸、黄腐酸和黑腐酸(杨喜福等,2008)。以腐植酸铵、腐植酸磷铵等为原料,与氮、磷、钾或者微量元素相混合,可制成腐植酸型叶面肥,该叶面肥不但具有营养功效,还能提升作物的抗旱、抗冻能力。

④复合型叶面肥:成分相对复杂,它可以添加到植株生长过

程中需要的各种营养剂和调节剂，具有调节物质和各种营养成分，是一种混合型叶面肥。它最大的特征是营养丰富，功能多，添加适量的整合剂、表面活性剂或载体，使得喷施叶面肥后，更好地附着、铺展，更利于叶面养分的吸收与利用（杜美利等，2010）。

⑤生长调节型叶面肥：人工合成的一些与天然植物激素有着类似分子结构和生理效应的有机物质称作植物生长调节剂。生长调节型叶面肥中含有赤霉素、萘乙酸、吲哚乙酸、复硝酚钠等植物生长调节剂。施用此类叶面肥之后，可加快植物体内的生化反应。适用于植物生长的前期与中期进行使用，尤其在植物苗期和开花期效果明显。然而，多数植物生长调节剂对作物的生长有促、抑双重功能，因此，需要采用合理配比及合理施肥方式（夏雪岩等，2014）。

⑥天然汁液型叶面肥：以海洋生物为原料，寡聚糖为主的海藻酸类天然汁液型肥料具有增产、抗病害、降低农药残留、改善风味等功效（王丽霞和高莉芬，2006）。

⑦天然矿物质型叶面肥：最常用的是稀土元素，具有增加叶面积，增加干物质量，增加叶绿素含量，提高作物的抗病性和耐旱涝的作用（玄志友，2021）。

表7-1 叶面肥的研发工艺

类型	代表性产品	关键工艺	作用特点
无机营养型	尿素、磷酸二氢钾叶面肥	可单加大量元素氮磷钾等，也可加中、微量元素	改善作物的营养状况，适于作物生长后期营养元素的补充
氨基酸型	氨基酸叶面肥	氨基酸来源于动物有机废弃物、铬革类固体废弃物、豆粕和活性污泥等，添加少量以游离态或络合态存在的微量元素	可与氨基酸的铜盐、锌盐以及农药等混用，能促进植物生长，又对病虫害起到防治作用

续表

类型	代表性产品	关键工艺	作用特点
腐植酸型	黄腐酸叶面肥	利用腐植酸铵、腐植酸磷铵等为原料,与氮、磷、钾或微量元素相混配,可制成腐植酸型叶面肥,有固体和液体两种	黄腐酸叶面肥具有营养作用,能提高作物的抗旱、抗冻能力,还对病害有一定效果
复合型	多元复合叶面肥	成分较为复杂,按比例加入各种营养,既有调节物质,又有各种营养成分	营养齐全、功能较多,加入的一定量螯合剂、表面活性剂或载体可使叶面肥喷洒后,更好地黏附在叶片,更有利于肥料的吸收
生长调节型	生长调节型叶面肥	外源激素成分加速植物体内的生化反应,适于生长前期和中期使用	具有促进和抑制生长两方面作用,需按照浓度进行配制和施用
天然汁液型	海藻酸类天然汁液型肥料	从天然物质(如海藻)提取的,主要成分包括海藻酸、多糖、微量元素等,	可促进作物的生长,具有增产、减轻病害、降低药残等作用
其他	矿物质型叶面肥	应用最广的是稀土元素	叶喷稀土元素,可增大叶面积、提高叶绿素含量、增加干物质量、增强作物的抗病耐旱涝能力

7.2.2 叶面肥的作用机理

植物除吸收自身需要的养分外,还可从茎叶(特别是叶片)中吸收营养,被称作植物的叶部营养,为根外营养(徐卫红等,2016)。叶面肥能将叶片中的养分直接输送到植物体内,并参与其代谢和有机质的合成,因此具有快速、高效等优点,是解决作物缺素问题的一种有效手段。

植物的叶片由表皮细胞、叶肉组织以及输导组织组成。植物叶片的表皮是由许多具有开合功能的表皮细胞组成的,它们以特定的规律排列在叶片表面,与外界进行气体交换,并通过气孔向外散发水分。陆生植物叶表皮细胞的外壁还覆盖着蜡质和角质层。角质层是多糖与脂类化合物组成的混合物,通常只有很小一部分水分和溶质能够渗入表皮。角质层之下是叶表皮细胞,叶肉细胞位于表皮细胞之下。营养物质只有从叶表面进入表皮细胞(或者气孔保卫细胞)的细胞质内,才能发挥营养作用(庄舜尧等,1998)。

叶面施肥时,养分的吸收主要有3个途径。其一,通过分布在叶面的气孔。由于水的表面张力较大,且气孔直径较小,当把肥料溶液喷施到叶片表面后,会在气孔处形成一个水膜,使肥料溶液难以流入叶片内部。鉴于此,需在肥料溶液中添加一定量对作物生长无害或有利的化学助剂,以促使肥料溶液中的营养元素能够经由气孔进入作物体内(李燕婷等,2009)。其二,蜡质层中的蜡质类化合物分子间存在间隙,可使水分子通过,外部溶液里的溶质能借助这些间隙进入角质层,随后穿过表皮细胞的细胞壁到达质膜。其三,角质层上设有微细孔道,即外质连丝。经电子显微镜观察,外质连丝为表皮细胞细胞壁的通道,从表皮细胞外表面延伸至质膜。喷施在叶片表面的肥料溶液中的营养物质能够通过叶片细胞的外质连丝,如在根系表面一般,依靠主动吸收被吸收至表皮细胞的质膜处,最后经质膜进入细胞内部。

7.2.3 叶面肥的作用效果

近年来随着施肥技术的发展,叶面施肥作为强化作物的营养和防止某些缺素症状的一种施肥措施,已经得到迅速推广和应用。

(1) 不同叶面肥对作物苗期生长的影响

分析海藻肥、木瓜蛋白酶酶解液、纤维素酶酶解液、复合酶酶解液叶面施肥对花生苗期生长发育的影响(表7-2)。从株高看,叶面施肥的效果最好的为木瓜蛋白酶主茎高11.7 cm比对照组高24.5%,纤维素酶侧枝长4.2 cm比对照组多2倍。对于叶面喷施的花生幼苗,其光合速率均有增加,但幅度较小,施加海藻原液的光合速率与对照几乎无差异,复合酶的光合速率最高,为13.8比对照组高31.4%。可以得到的促进效果为海藻原液<木瓜蛋白酶<纤维素酶<复合酶。叶面喷施的花生叶片的SPAD值,就整体变化

规律而言，各处理的 SPAD 值均高于对照组，效果最好的为复合酶 SPAD 值达到了 55.2 比对照组高 10.8%，且差异较为明显。这说明施用海藻肥后能为花生生长提供需要的物质，促进花生的生长，且效果较为明显。

表 7-2 不同叶面肥对作物（花生）苗期地上部的影响

处理	净光合速率/$\mu mol\ CO_2 \cdot m^{-2} \cdot s^{-1}$	SPAD 值	株高/cm	侧枝长度/cm
对照	10.5	49.8	9.4	2.0
海藻肥	10.3	52.5	9.5	3.1
木瓜蛋白酶酶解液	11.1	50.9	11.7	3.4
纤维素酶酶解液	12.6	53.9	9.8	4.2
复合酶酶解液	13.8	55.2	11	3.6

（2）叶面肥对作物养分吸收及生长发育的促进效果

叶面施肥是肥效迅速、肥料利用率高、用量少的施肥技术之一。叶面肥具有吸收快、用量省、效率高、作用强等特点。叶面肥处理对作物养分吸收及生长发育的促进效果如表 7-3 所示。

表 7-3 叶面肥处理对作物的影响效果

研究人员	年份	对作物的影响效果
钱巍等	2024	喷施阿米卡叶面肥能够促进葡萄果粒增大，提高产量，降低可溶性酸含量，提高维生素 C 含量，提升葡萄的风味品质和营养价值
胡芳等	2024	喷施不同浓度"金村秋"叶面肥均可增加菜心植株的生物量和叶绿素、蛋白质、总氨基酸含量，同时增加矿质元素积累量，降低菜心植株抽薹数，且增幅大多达到显著水平
Janina 等	2018	对甜椒植物进行纳米活性复方叶面肥处理可显著提高保护栽培的果实产量，改变了果实的化学成分，叶面肥的应用导致干物质含量以及总糖、维生素 C 和类胡萝卜素的浓度增加

(续表)

研究人员	年份	对作物的影响效果
李修平等	2014	将农药（吡虫啉和菊酯）与叶面肥（多肽、黄腐酸、磷酸二氢钾等）混配施用，提高了冬小麦产量，还起到杀虫的作用
许永妙等	2014	用4种不同种类的叶面肥对受到冻害的茶树进行处理，其中含有催芽素和氨基酸的叶面肥可以使受到冻害的茶树较好地恢复
周超等	2013	腐植酸叶面肥可以显著改善西瓜品质，包括显著提高可溶性蛋白、维生素C及可溶性总糖含量
申明等	2012	以含有5-氨基乙酰丙酸的"爱乐壮"氨基酸叶面肥处理砂梨叶片，可提高叶绿素含量和净光合速率等，促进光合作用
冯涛等	2012	对不同品种的红花喷施含硼酸的叶面肥增加了红花花冠的鲜重和干重，促进了红花的生殖生长

7.3 叶面肥研究的总体现状

叶面肥检索到CNKI期刊论文共873篇，CNKI学位论文共526篇，WoS核心合集英文论文共1551篇。如图7-1所示，CNKI中关于叶面肥的首篇期刊论文在1992年发表，首篇学位论文在2001年发表；对于期刊论文，2007—2010年这段时间叶面肥的数量呈现急剧上升趋势，说明在这个时间段叶面肥成为国内肥料的研究热点；随后便有一定的下降趋势，在2012—2023年表现出平稳式波动趋势；而学位论文整体为上升趋势，表明国内高校对叶面肥的研究有了更大的进展。WoS核心合集中关于叶面肥的首篇期刊论文在1926年发表，总体上在2000—2017年的趋势为波动式上升，2017年至今论文数量急剧上升。叶面肥英文论文数量在2023年最高，达到167篇。

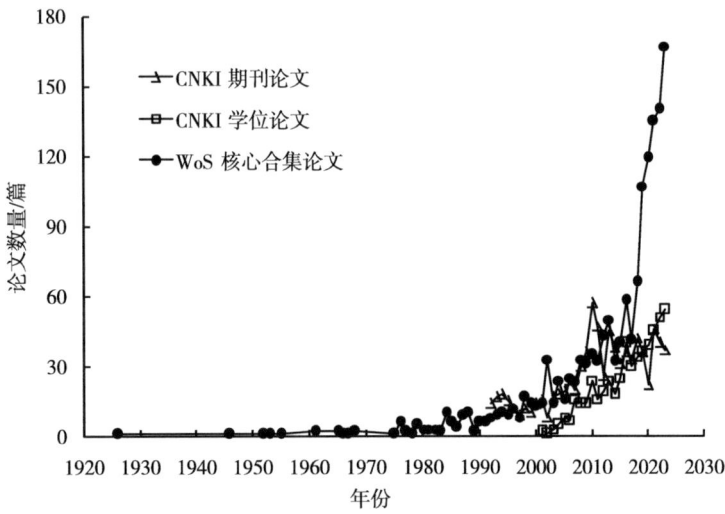

图7-1 叶面肥研究论文随时间分布

CNKI数据库中叶面肥研究期刊论文和学位论文发表数量前10位的研究机构如表7-4所示。期刊论文和学位论文发表机构均显示，在叶面肥研究领域的主要研究机构为农林类科研机构，中文期刊论文发文量超过20篇的第一单位研究机构有3个，最多的为中国农业科学院。学位论文发文量超过20篇的有4个高校，其中南京农业大学和西北农林科技大学各发表学位论文39篇，在叶面肥研究领域成果斐然。WoS核心合集叶面肥英文论文数量前10位的研究机构，发文量超过60篇的有2家，其中Egyptian Knowledge Bank发表相关论文最多，为96篇。

表 7-4 叶面肥研究文献研究机构分布

编号	期刊论文		学位论文		WoS 论文	
	第一单位	数量	研究机构	数量	研究机构	数量
1	中国农业科学院	30	南京农业大学	39	Egyptian Knowledge Bank	96
2	西北农林科技大学	25	西北农林科技大学	39	Indian Council of Agricultural Research	63
3	南京农业大学	20	湖南农业大学	29	Agricultural Research Center-Egypt	27
4	黑龙江省农业科学院	13	山东农业大学	24	ICAR - Indian Agricultural Research Institute	26
5	新疆农业大学	13	浙江大学	18	University of Florida	25
6	山东省农业科学院	12	东北农业大学	16	State University System of Florida	25
7	河南农业大学	10	河南农业大学	16	University of Agronomic Science & Veterinary Medicine - Bucharest	25
8	安徽农业大学	9	新疆农业大学	15	University of Agriculture Faisalabad	23
9	北京林业大学	9	中国农业科学院	15	Agricultural University of Plovdiv	23
10	东北农业大学	9	华中农业大学	14	National Research Centre	21

叶面肥 CNKI 中文期刊论文共发表在 185 个中文期刊中，发表论文数量前 10 位的期刊如表 7-5 所示，基本以农林类期刊为主，发文量超过 30 篇的期刊有 3 个，分别为《北方园艺》《安徽农业科学》《中国棉花》，显示了该研究领域发表论文较高的研究水平。WoS 核心合集英文论文共发表在 494 个国际期刊上，发表论文数量前 10 位的期刊以农林类期刊为主，其中 *Journal of Plant Nutrition* 发文量最多，为 76 篇。

表 7-5 叶面肥研究文献期刊分布

编号	中文期刊		英文期刊	
	名称	论文数量	名称	论文数量
1	北方园艺	90	Journal of Plant Nutrition	76
2	安徽农业科学	33	Agronomy-Basel	68
3	中国棉花	33	Scientia Horticulturae	34
4	中国南方果树	29	Communications in Soil Science and Plant Analysis	28
5	江苏农业科学	27	Plants-Basel	26
6	中国果树	26	Hortscience	25
7	中国蔬菜	22	Frontiersin Plant Science	22
8	河南农业科学	19	Scientific Papers-Series A-Agronomy	21
9	中国土壤与肥料	19	Scientific Papers-Series B-Horticulture	21
10	中国瓜菜	18	Plant and Soil	20

7.4 叶面肥研究的热点分析

绘制叶面肥关键词共现图谱如图 7-2 所示，频次较高的关键词列在表 7-6。CNKI 中文数据库中叶面肥、产量、品质等是该领域的热点以及重点，以这些关键词引出多条线与其他关键词构成了共现网络结构，共现网络中关键词与关键词之间相互交叉，说明国内对叶面肥的研究所涉及的范围较广。对叶面肥的中文研究文献进行关键词分析，关注热点是叶面肥（386）、产量（228）、品质（162）、果实品质（77）等，与其他新型肥料所关注的热点大体一致。英文文献数据中热点以及重点的关键词，foliar fertilizer、growth、yield、quality 等是研究重点。国际叶面肥的研究文献最高频关键词中，研究关注热点是 growth（256）、yield（229）、foliar fertilizer（137）、quality（128）等。

第七章　叶面肥研发及应用研究现状与演化

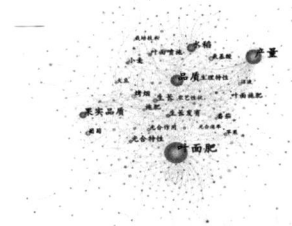 

图 7-2　叶面肥文献数据的关键词共现网络

表 7-6　叶面肥文献数据的高频关键词

中文关键词	频次	英文关键词	频次
叶面肥	386	growth	256
产量	228	yield	229
品质	162	foliar fertilizer	137
果实品质	77	quality	128
水稻	76	soil	105
生长	48	nitrogen	102
光合特性	32	plants	97
生长发育	31	foliar spray	76
烤烟	31	foliar fertilization	65
施肥	29	foliar application	63

由图 7-3 CNKI 文献结果显示，国内叶面肥文献关键词共现网络共形成 10 个聚类。由图可以看出 Q 值为 0.679 8（>0.3）表示聚类是有效的，平均轮廓值 S 为 0.918 2，表明结果是可信的；聚类#2、#3、#4 可以概括为学者们较为关注叶面肥对粮食产物（如水稻）产量品质的影响；聚类#7、#8、#9 可以概括为学者们较为关注不同品种叶面肥的施用效果；除此之外，学者们还比较关注#1

· 115 ·

果实品质、#5 生长、#6 烤烟。WoS 核心合集英文文献结果显示，国际叶面肥文献关键词共现网络共形成 10 个聚类，标识了该研究领域的知识基础结构及其动态演进的过程。Q 值 0.550 2（>0.3）表示聚类是有效的，平均轮廓值 S 为 0.799 4（>0.7），表明结果是可信的。11 个聚类之间彼此交互重叠，聚类#0、#1、#2 可以归类为施加锌叶面肥、硫酸铵叶面肥对水稻种植的影响；此外国际上学者们还比较关注聚类#3 inorganic fertilizer、#4 herbicide performance 等方面。

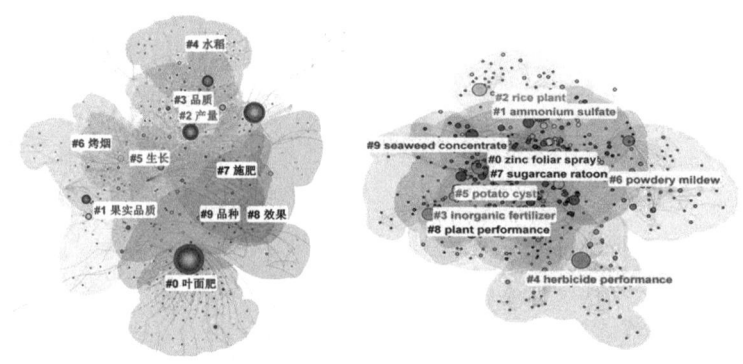

图 7-3 叶面肥文献数据的关键词聚类图谱

7.5 叶面肥研究的演化趋势

如图 7-4 所示，从 1992 年开始，在 CNKI 数据库中出现了关于叶面肥的研究文献，由图可以看出，整体上聚类的数据数量较少，其他聚类主要是由聚类#0 叶面肥向外引出；聚类#0 至聚类#2 的聚类文献数量相较于其他聚类较多，并且聚类#0、#1 时间跨度大，这说明了这些聚类领域的重要性；叶面肥（0.72，#0）、产量（0.24，#2）、品质（0.2，#3）等是研究领域的热点，在 WoS 核心合集英文数据库中，聚类#0、#1、#2 聚类文献数量相较于其他聚类来说较多，在这 3 类聚类中聚类#0、#1 时间跨度为 1990—2024 年整个研究时间段，但聚类#1 的文献数量比聚类#0 较少，国际学者近年来比较关注 zinc foliar spray、ammonium sulfate、rice plant、herbicide performance、potato cyst、sugarcane ratoon、seaweed concentrate。

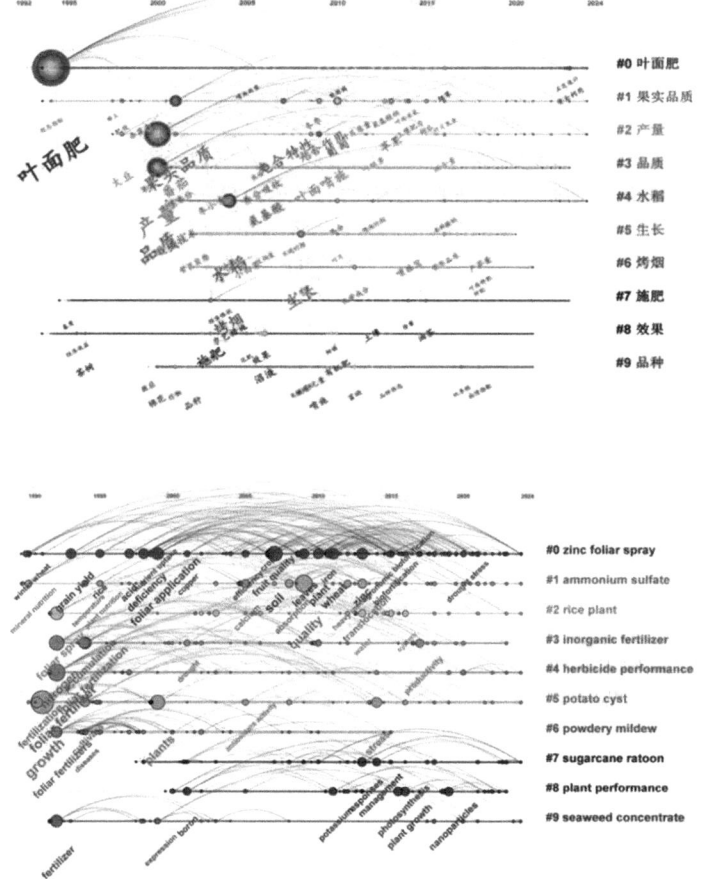

图 7-4 叶面肥文献数据的时间线图

提取叶面肥研究领域的突现词,分析叶面肥研究热点趋势(表7-7)。中文文献中前20个突现词,整个突现时间段为1992—2024年,大致可以分为两个时期。1994—2007年,学者们对叶面肥应用于作物增产效果如何较为关注;2010—2022年,研究者们逐渐开始关注叶面肥对作物一些微观生理特性(如叶绿素),并为提升粮食产量品质,学者们针对不同作物研究了不同类型的叶面肥。英文文献前20个突现词,1994—2002年,研究重点在于叶面肥解决作物病害的问题,且这一时间段的突现词持续时间较长;2003—2014年,国际学者比较关注叶面锌肥喷施,注重叶面肥喷施后叶面养分吸收情况;2017—2021年,由于叶面肥这种特殊作用,研究者们将其应用在干旱领域,观察其对作物的生长状况的影响。

表7-7 叶面肥文献数据的突现词

中文突现词	年份	强度	开始年份	结束年份	英文突现词	年份	强度	开始年份	结束年份
叶面肥料	1994	2.59	1994	2002	diseases	1994	7.00	1994	2004
增产效果	1999	2.55	1999	2009	cucumber	1994	5.99	1994	2004
油菜	2004	2.42	2004	2010	systemic resistance	1994	4.56	1994	1998
效果	2006	3.61	2006	2010	foliar fertilizers	1992	7.02	1995	2009
沼液	2006	2.89	2006	2010	disease control	1995	5.64	1995	2002
烤烟	2004	7.04	2007	2013	sphaerotheca fuliginea	1995	3.95	1995	1998
蒸腾速率	2010	3.94	2010	2013	foliar sprays	2002	3.45	2002	2015
葡萄	2010	2.35	2010	2011	foliar fertilizer	1992	5.01	2003	2010
叶绿素	2012	2.61	2012	2015	foliar spray	1992	4.27	2005	2006
生理特性	2007	2.31	2013	2015	leaves	2009	4.52	2009	2014
喷施宝	2014	3.28	2014	2016	absorption	2008	5.70	2011	2017
番茄	2001	2.37	2015	2016	quality	2009	7.26	2012	2020
小麦	2009	3.41	2016	2019	zinc	2013	3.88	2013	2019

(续表)

中文突现词	年份	强度	开始年份	结束年份	英文突现词	年份	强度	开始年份	结束年份
产草量	2018	2.63	2018	2020	nutrition	2011	4.72	2014	2017
棉花	2000	2.47	2018	2020	foliar application	1999	4.99	2017	2020
水稻	2004	5.64	2019	2020	tolerance	2013	4.61	2017	2019
草莓	2000	2.27	2019	2020	plant growth	2016	3.57	2017	2019
生长发育	2004	2.69	2021	2024	drought stress	2020	3.91	2020	2024
果实品质	2001	6.06	2022	2024	fertilizer	1992	5.68	2021	2022
花生	1998	2.55	2022	2024	rice	1995	3.53	2021	2024

参考文献

朴美利, 姜素荣, 陈宏贵, 2010. 多养分复合叶面肥的制备与性能 [J]. 西安科技大学学报, 30 (1): 77-80.

冯涛, 于玮玮, 柴义, 等, 2012. 叶面喷肥对红花生长及花冠产量的影响 [J]. 北方园艺, (21): 135-137.

胡芳, 梁柏可, 刘建国, 等, 2024. "金村秋" 叶面肥对菜心生长及品质的影响 [J]. 山东农业科学, 56 (8): 117-122.

李修平, 朱涛, 朱丽萍, 2014. 叶面肥与农药配合喷施对冬小麦产量和产量构成的影响 [J]. 中国农学通报, 30 (21): 169-172.

李燕婷, 李秀英, 肖艳, 等, 2009. 叶面肥的营养机理及应用研究进展 [J]. 中国农业科学, 42 (1): 162-172.

钱巍, 吉茹, 冯翠, 等, 2024. 叶面肥替代植物生长调节剂对葡萄产量及品质的效果研究 [J]. 中国果菜, 44 (9): 41-46.

秦征, 邵建华, 2011. 中微肥的生产及其应用 [J]. 广东微量元素科学, 18 (2): 20-33.

申明, 成学慧, 谢荔, 等, 2012. 氨基酸叶面肥对砂梨叶片光合作用的促进效应 [J]. 南京农业大学学报, 35 (2): 81-86.

史舟芳, 刘祎, 刘晓娟, 等, 2015. 利用剩余活性污泥制备氨基酸叶面肥 [J]. 山东化工, 44 (10): 189-192, 199.

王丽霞, 高莉芬, 2006. 叶面肥及其发展趋势 [J]. 内蒙古石油化工 (9): 22.

夏雪岩, 程汝宏, 陈媛, 等, 2014. 植物生长调节剂和叶面肥对谷子杂交种的防旱衰效应分析 [J]. 中国农业科技导报, 16 (1): 104-110.

徐卫红, 2016. 新型肥料使用技术手册 [M]. 北京: 化学工业出版社.

许永妙, 王贤波, 黄海涛, 等, 2014. 叶面肥对茶树冻害后恢复生长的影响 [J]. 浙江农业科学 (7): 1009-1010.

玄志友, 2021. 稀土叶面肥处理提高荔枝光合作用和成花着果 [J]. 中国果业信息, 38 (12): 61.

杨喜福, 于清河, 2008. 含腐植酸型叶面肥的实验研究 [J]. 现代商贸工业 (2): 279-280.

周超, 周传余, 徐婷, 等, 2013. 腐植酸液体叶面肥对大棚西瓜产量和品质的影响 [J]. 黑龙江农业科学 (9): 36-37.

庄舜尧, 曹志洪, 1998. 叶面肥的研究与发展 [J]. 土壤 (5): 230-234.

GAJC-WOLSKA J, MAZUR K, NIEDZIŃSKA M, et al., 2018. The influence of foliar fertilizers on the quality and yield of sweet pepper (*Capsicum annuum* L.) [J]. Folia Horticulturae, 30 (2): 183-190.

第八章　微量元素肥研发及应用研究现状与演化

8.1　微量元素肥概述

微量元素是相对于大量元素和中量元素的概念，主要是指在土壤中的含量和可利用度极低，动、植物生长所需的微量或大量的元素，都直接影响到植物的生长发育。微量元素肥（又称微量元素肥料）是指含有铁、硼、锰、锌、铜、钼等微量元素的化肥，它可以包含一种微量元素的单一化合物，还可以包含各种微量元素以及多种微量元素的复合肥和混合肥。微肥需在大量元素肥料的基础上才能发挥肥效。在农业生产中，需协调好微量元素肥料与大量元素肥料的关系，进行合理配合与施用，如此方能充分发挥它们的肥效（钟国清，2004；马扶林，2009）。

微量元素肥料通常具有如下优势。

①稳定性好（丁双双等，2015），其螯合物结构使得其在土壤中不容易固化，且稳定性好，减少与其他物质发生反应。

②高吸收率（周麟笔等，2022），液态型微量元素的吸收效率优于常规的微量元素肥，微量元素的金属离子经螯合后，会生成少量的有机小分子，被农作物以有机物的形式吸收，并在作物中直接参与到转化过程中。这种方法不仅可以大大提高化肥的利用率，而且可以降低土壤中的微量元素对土壤的钝化作用。

③兼容性良好，能与其他固体、液体化肥混配使用，且无任何化学变化，从而保证各自的肥效。

④绿色环保（石莹莹，2015），螯合微肥适合发展有机农业，是一种绿色环保的无公害肥料。

⑤改善土壤质量（黄俊等，2023），长期过量施用氮磷钾型肥料会引起土壤酸化，从而降低农作物的产量与品质，螯合微肥可有效缓解该问题。

⑥克服元素间拮抗，常规的无机盐型微量元素肥中，金属离子在土壤中容易被固化，生成难溶性物质而丧失活性，而螯合微肥可克服此缺点。

⑦具有良好的水溶性（丁双双等，2015），EDTA螯合型中微量元素的制备技术条件苛刻，且呈细粉状，溶出速率非常快，不溶物为零，具有节约人力、吸收效果等优点。

⑧效果性好（陈茂雪，2024），螯合态微量元素是一种有机肥料，它与多种微量元素形成络合物，具有很高的生物活性，其功效是一般有机微肥的几十倍，是无机盐类的几百倍。

8.2 微量元素肥的研发与作用效果

8.2.1 微量元素肥的研发

由于螯合物的独特结构，使其性能优于无机微肥，因此，要形成螯合物，需满足3个特定的必要条件。一是每一个螯合配体中都含有两个原子，它们可以与金属离子形成共价键；二是配体必须是闭合环中的一员，并能与金属形成杂环；三是配体的空间结构要能够和金属形成整合物（Murphy，2010；罗勤慧，2015）。因此，在螯合反应中，配体的选取是非常重要的。对不同类型的螯合剂，其螯合过程大致相同。以氨基酸微量元素螯合物的合成为例，常见的合成方法有水体系合成法、微波固相法、室温固相法等。水体系合成法是一种传统的合成方法（鲁晓芳和俞火明，1997），也是目前应用最为广泛的螯合方法及工艺。

微波固相法借助非传导性加热效应来加快化学反应的进程

(钟国清等，2002；Lidstrom et al.，2001；Gedye et al.，1986)，其制备工艺大致如胡亮等（胡亮等，2007）所述。在此过程中，主要由诸如醋酸酯等的某些有机盐来供应金属离子。但是，这些金属盐的稳定性较差，在较高的温度下，会生成大量的有机化合物，在微波辐射下，容易焦糊变质进而污染目标产物。此外，尽管这一反应速度较快，但是在前期，反应物的预处理过程较为复杂，必须将反应物充分粉碎、搅拌均匀，这对于从实验室向工业化的转变非常困难，而且，由于预先的原料预处理，使生产效率大大下降，难以实现规模化生产，因此很难在实践中得到广泛的应用。

室温固相合成法相对于上述两种方法都有很高的要求（马强，2018），不过，固相合成无需进行结晶、过滤、分离等操作，能够提升反应产率（张蔚玲等，1994；李大光等，2009）。该方法的基本原理是：在常温条件下，通过固-固反应，反应物分子发生热运动，并发生碰撞，使化学键不断断裂和重组，形成新的产物。产物积累形成晶核，当晶核达到一定大小时，便会出现产物的独立晶体（林娜妹等，2009；李亮，2004）。

以上几种合成方法有其各自的特点，但相比之下，微波固相法和室温固相法对反应体系的要求更为严苛，且主要用于实验室研究，无法实现工业化。

8.2.2 微量元素肥的机制机理

目前，常用的微量元素分为易溶性无机盐、难溶性无机盐和螯合态3种，其中易溶性无机盐包括硫酸盐、氯化物、硝酸盐等。难溶性无机盐主要为磷酸盐、碳酸盐、氧化物、硫化物等。螯合态是与微量元素（硼、钼、氯除外）进行螯合所生成的螯合物。推动植物对中微量元素的吸收与利用，充分发挥中微量元素的最大效用，是中微量元素肥发展的关键所在。由于无机矿物元素如铁、锰、锌、铜等进入土壤后容易被固定，并且某些元素之间还具有一定的拮抗效应，因此，将无机矿物以无机态施用到土壤中，其有效性很低，很难被农作物吸收。与常规无机盐型中微量元素肥相比，螯合态中微量元素肥具有稳定性好、不易被土壤固定、易溶于水且不离解、利于作物吸收等优势（张西兴等，2014），中微量元素螯合肥技术已成为我国中微量元素肥行业发展的一个重要因素。

螯合物在化学上称为络合物，是一种大分子配体和一种中央金属原子相连而成的环状结构。能够与金属离子起到螯合作用的有机分子化合物被称为螯合剂，也可称为配体（张海艳等，2024）。螯合剂不仅可以选择性地捕获植物细胞内特定的金属离子，还可以在需要的时候适量释放出这些金属离子。螯合剂可通过吞噬或捕获、吐出或释放金属离子，从而使作物更易于吸收和利用养分。因此，它在植物体内起着指挥部的作用，协调根系、茎、叶、花、果等养分供应，促进植株健康成长。不同的螯合剂往往会使螯合态中微量元素肥在溶解性、稳定性以及作物吸收效率等方面存在显著差异（牛彦超等，2022）。

有机螯合型微肥是一种由合成或天然有机螯合剂与微量元素结合而成一类肥料，如：EDTA-Zn、腐植酸铁、尿素铁以及微量的木质素磺酸螯合物（徐卫红等，2016）。所谓螯合物，是指当有机物同时具有一个成盐基团（其中有活泼氢原子可被置换）和一个成络基团（络合反应的配位体）时，与金属阳离子发生作用，除了有成盐作用之外，还具有成络作用（张海艳等，2024）。有机螯合态微肥在土壤中不容易固化，提高了肥料的利用率；同时，还可以用来喷洒，植物能够吸收整个分子的螯合物，并利用微量元素离子参与物质的代谢，其作用往往优于无机微肥，但其生产成本较高。

8.2.3 微量元素肥的作用效果

由于作物品种的差异，其需肥特点也不尽相同，对微量元素的需求量也不尽相同，不同作物对微量元素反应的敏感程度也不一致。在土壤中某些微量元素不足时，一些对微量元素比较敏感的作物或品种会出现缺素现象，在这种情况下，使用这种微肥的效果最明显。各种作物对微量元素缺乏的敏感性是由其营养基因型所决定的。不同作物的根系在吸收微量元素的过程中，根际环境条件，如酸碱度、氧化还原电位、分泌物等均不相同，它们对微量元素的有效化产生的影响也不一样，这就导致各种作物对微量元素的反应有所不同（徐卫红等，2016）。微量元素肥促进作物的养分吸收及生长发育的如表 8-1 所示。

表 8-1 微量元素肥处理对作物的影响效果

研究人员	年份	对作物的影响效果
Juliastutis 等	2024	以生菜作物最低需要的微量营养元素铜和锌作为研究对象，通过叶面喷施 EDTA 螯合盐，发现生菜叶片中铜和锌有明显提高
Wang 等	2022	由于吸附能力强，EDTA-Cu 吸附 Ca^{2+} 和 Mg^{2+}，提高了结构稳定性，降低了污垢中的絮凝和沉积能力，间接降低了微咸水滴灌系统中钙和二氧化硅污垢的含量
吕涛等	2021	施用不同螯合肥均可提高草莓植株的株高、茎粗、叶面积、SPAD 值、生物量、根冠比、干鲜比，同时也可提高草莓的产量，改善果实品质
Arturo 等	2018	单独施用 EDDHA 螯合铁或与 $FeSO_4$ 联合施用，均可获得较高的 SPAD 值、根叶生物量，2 种 EDDHA 螯合铁施用方式在秋葵和大豆上均能有效纠正缺铁性褪绿现象
章恒毅	2010	氨基酸螯合肥省工省时，节约肥料成本，使用方便，能增加白菜的产量，达到增产增收目的
Jie 等	2008	1/100 稀释的氨基酸螯合锌和铁肥料使水稻生长参数增加 22%~73%，叶绿素含量分别比对照增加 11%~17%
张广辉等	2003	施用螯合态微肥能够增加小冬瓜的叶片宽度、增加了叶面积，增加了光合产物，显著提高单株雌花数量和群体雌花株率，提高单株成瓜数，增加单株产量
周淑清等	2003	在黄芪育苗田施用螯合态复合微肥，使生长 2 年的黄芪成品根直径增加 24.5%，根长度增加 39.80%，根鲜重增加 40.23%，提高黄芪成品等级
汪根法等	2003	螯合态锌肥瑞恩锌、绿色锌肥，可以促进茶芽生长，增加发芽数，提高百芽重和正常芽叶比例，增强持嫩性，提高茶叶产量和经济效益

8.3 微量元素肥研究的总体现状

微量元素肥检索到 CNKI 期刊论文共 1 595 篇，CNKI 学位论文共 794 篇，WoS 核心合集英文论文共 10 963 篇。如图 8-1 所示，CNKI 中关于微量元素肥的首篇期刊论文在 1992 年发表，首篇学位论文在 2000 年发表；对于期刊论文，在 1992 年一开始就发表了 59 篇相关论文，说明微量元素肥一出现便吸引国内学者的研究；在 1996—2006 年这段时间有关微量元素肥的研究没有早期多；2007—2014 年微量元素肥又掀起了一阵热潮；对于学位论文，呈现出波动式上升的状态，在 2022 年达到最高，为 64 篇。WoS 核心合集中关于微量元素肥的首篇期刊论文在 1905 年发表，这一数据表明国际上开展的时间早，从 1905 年开始到目前为止，发文量随时间的增长呈现出上升的趋势，期间有个别年份发文量有所下降；

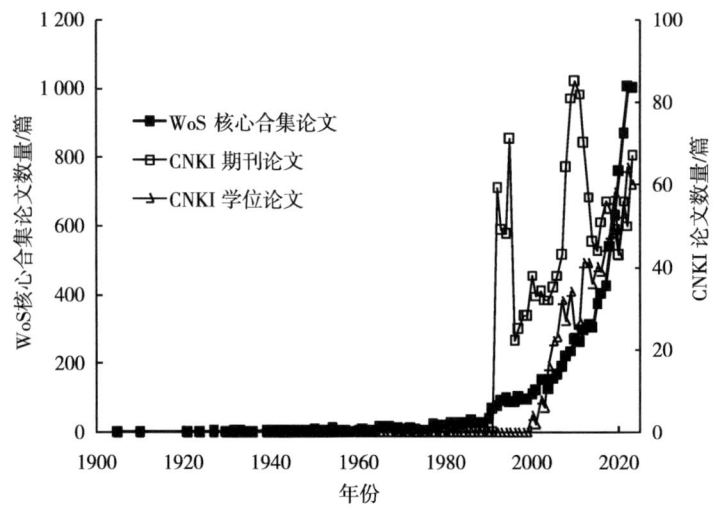

图 8-1 微量元素肥研究论文随时间分布

英文论文数量在 2022 年最高，达到 1 005 篇。

CNKI 数据库中微量元素肥研究期刊论文和学位论文发表数量前 10 位的研究机构如表 8-2 所示。中文期刊论文和学位论文发表机构均显示，在微量元素肥研究领域的主要研究机构为农林类科研机构，期刊论文发文量较多的第一单位研究机构分别为华中农业大学和西北农林科技大学，学位论文发文量超过 40 篇的有 4 个研究机构，其中西北农林科技大学发表学位论文 123 篇，在微量元素肥研究领域成果斐然。WoS 核心合集微量元素肥英文论文数量前 10 位的研究机构，其中来自我国的机构有 4 个，显示了在微量元素肥研究领域的科研实力，其中中国科学院发表相关论文最多，为 388 篇。

表 8-2 微量元素肥研究文献研究机构分布

编号	期刊论文		学位论文		WoS 论文	
	第一单位	数量	研究机构	数量	研究机构	数量
1	华中农业大学	74	西北农林科技大学	123	Chinese Academy of Sciences	388
2	西北农林科技大学	70	华中农业大学	67	Indian Council of Agricultural Research	299
3	中国农业科学院	48	湖南农业大学	43	Egyptian Knowledge Bank	225
4	中国科学院	41	河南农业大学	36	United States Department of Agriculture	206
5	河南农业大学	34	南京农业大学	32	Ministry of Agriculture & Rural Affairs	179
6	南京农业大学	32	四川农业大学	29	State University System of Florida	172
7	湖南农业大学	28	扬州大学	28	University of Florida	151
8	河南省农业科学院	23	西南大学	25	China Agricultural University	147

(续表)

编号	期刊论文		学位论文		WoS 论文	
	第一单位	数量	研究机构	数量	研究机构	数量
9	浙江大学	23	河北农业大学	23	Chinese Academy of Agricultural Sciences	131
10	河北农业大学	22	浙江大学	23	University of Agriculture Faisalabad	131

微量元素肥 CNKI 期刊论文共发表在 264 个中文期刊中，发表论文数量前 10 位的期刊如表 8-3 所示，基本以农林类期刊为主，发文量超过 50 篇的期刊有 5 个，为《中国土壤与肥料》《植物营养与肥料学报》等期刊，显示了该研究领域发表论文较高的研究水平。WoS 核心合集英文论文共发表在 1 470 个国际期刊上，发表论文数量前 10 位的期刊以农林类期刊为主，其中 *Communications in Soil Science and Plant Analysis* 发文量最多，为 528 篇。

表 8-3 微量元素肥研究文献期刊分布

编号	中文期刊		英文期刊	
	名称	论文数量	名称	论文数量
1	中国土壤与肥料	80	Communications in Soil Science and Plant Analysis	528
2	植物营养与肥料学报	75	Journal of Plant Nutrition	473
3	土壤肥料	70	Science of the Total Environment	289
4	北方园艺	54	Environmental Science and Pollution Research	203
5	江苏农业科学	52	Plant and Soil	199
6	土壤通报	45	Agronomy-Basel	184
7	河南农业科学	43	Chemosphere	124
8	安徽农业科学	39	Environmental Pollution	117

(续表)

编号	中文期刊		英文期刊	
	名称	论文数量	名称	论文数量
9	湖北农业科学	35	Journal of Soil Science and Plant Nutrition	112
10	中国油料作物学报	28	Hortscience	107

8.4 微量元素肥研究的热点分析

绘制微量元素肥料关键词共现图谱如图 8-2 所示，频次较高的关键词列在表 8-4。在微量元素肥料中文文献研究中，主要集中在产量、品质、锌肥等关键词，国内对水溶肥的研究所涉及的范围较广，国内微量元素肥研究关注热点是产量（531）、品质（285）、锌肥（210）等。相对于 CNKI 中文共现网络，英文文献关键词形成的共现网络更加密集，显示了国际在微量元素肥方面的研究具有广阔的前景，国际微量元素肥研究关注热点是 growth（1 191）、zinc（1 114）、soil（1 029）等。国内外微量元素肥领域研究关注的热点整体相似，也有不同之处，热点主要是锌肥较多，其次还关注铁肥，都比较关注其作用效果。此外，国内还关注硼肥和锰肥，而国际上比较关注铜肥。

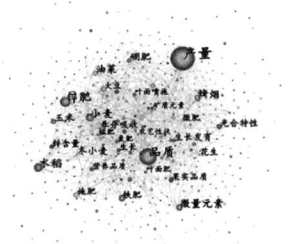

图 8-2 微量元素肥文献数据的关键词共现网络

表 8-4 微量元素肥文献数据的高频关键词

中文关键词	频次	英文关键词	频次
产量	531	growth	1 191
品质	285	zinc	1 114
锌肥	210	soil	1 029
水稻	129	yield	950
小麦	117	nitrogen	786
硼肥	102	iron	783
微量元素	96	trace elements	764
烤烟	93	accumulation	682
油菜	84	plants	660
玉米	71	copper	626

由图 8-3 CNKI 文献结果显示,国内微量元素肥文献关键词共现网络共形成 10 个聚类。其中#0、#3、#4、#6 聚类可以概括为锌肥、铁肥对小麦以及冬小麦的影响;聚类#7、#8、#9 可以概括为微量元素肥对果实品质以及养分吸收的影响;此外,国内学者研究了#1 烤烟、#5 水稻等领域。WoS 核心合集英文文献结果显示,微量元素肥英文文献关键词共现网络共形成 8 个聚类。8 个聚类之间彼此交互重叠,聚类#0、#6 可以归类为微量元素可以从污水污泥

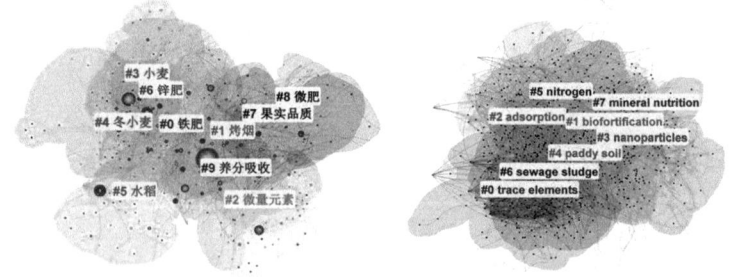

图 8-3 微量元素肥文献数据的关键词聚类图谱

中提取出来；聚类#2、#5、#7 可以归类为学者们较为关注作物对氮素、矿质营养的吸收；国际学者们还比较关注聚类#1 biofortification、#3 nanoparticles、#4 paddy soil 等方面。

8.5 微量元素肥研究的演化趋势

如图 8-4 所示，从 1992 年开始，在 CNKI 数据库中出现了关于微量元素肥的研究文献，从#0 到#2 聚类的数据数量都是相对较多的，这说明了这些聚类领域的重要性；在微量元素肥领域中学者们近些年较为关注微量元素、小麦、锌肥、果实品质、养分吸收等热点，其中对于锌肥、小麦水稻的研究更是贯穿整个研究时间段。关键词微量元素（0.12，#2）、锌肥（0.16，#6）、水稻（0.15，#5）的中介中心度>0.1，这些词往往为连接不同领域的关键枢纽。在 WoS 核心合集英文数据库中，聚类#0 至聚类#3 的文献数量相较于其他聚类较多，并且时间跨度大；聚类#0 至聚类#2 在 1990—2005 年聚类文献较多，后期聚类文献较少；聚类#3 在 2005—2024 年文献数量较多，前期文献数量较少，说明聚类#3 是近几年重点关注的研究重点；近些年国内外学者们较为关注#1 biofortification、

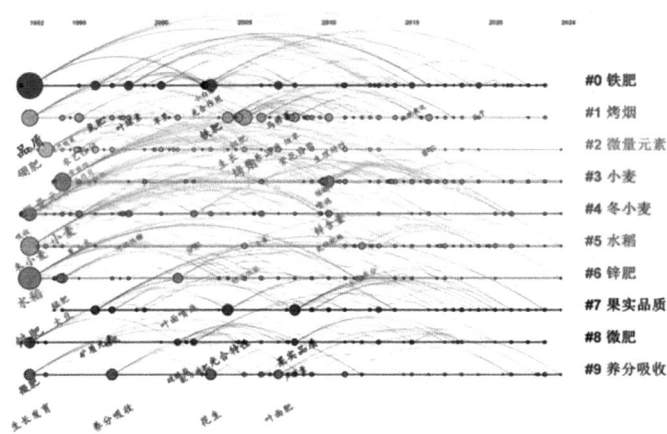

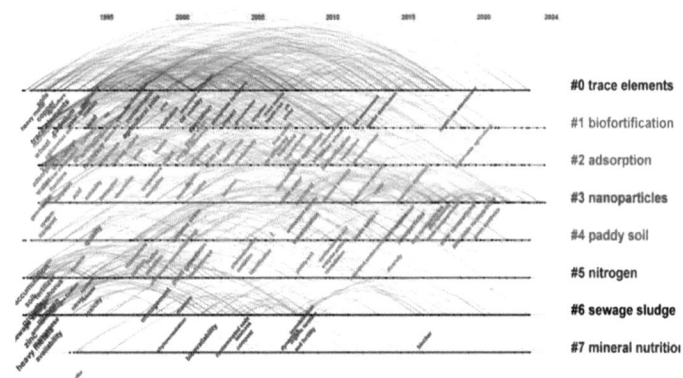

图 8-4　微量元素肥文献数据的时间线图

#2 adsorption、#3 nanoparticles 等方面。

提取研究领域的突现词，分析微量元素肥研究热点趋势如表 8-5 所示。中文文献中前 20 个突现词，研究大致分为 2 个时间段：1992—2010 年，针对微量元素肥的研究比较关注其对小麦、油菜等常见作物的作用效果、经济效益等方面；2015—2022 年，学者们对于微量元素肥的研究范围扩大，开始着眼于其对不同作物的生理、光合特性以及果实营养品质的影响，近些年国内学者还较为关注氮锌肥配施技术方法。英文文献微量元素肥前 20 个突现词，研究大致可以分为 2 个时间段：1991—2003 年，学者们所研究的领域较为广泛，并且这个时间段突现词持续时间较长，其中对 calcareous soils 突现词的研究持续了 25 年，这段时间学者研究重点在于研制不同类型的微量元素肥、解决黄萎病等方面；2020—2021 年，学者们开始着眼于纳米材料和绿色合成的研究，比如银纳米粒子、氧化锌纳米颗粒。

表 8-5 微量元素肥文献数据的突现词

中文突现词	年份	强度	开始年份	结束年份	英文突现词	年份	强度	开始年份	结束年份
冬小麦	1992	8.47	1992	2005	soils	1991	53.69	1991	2010
有效性	1995	4.41	1995	2004	manganese	1991	19.08	1991	2011
硝酸盐	2001	7.74	2001	2008	phosphate	1991	18.57	1991	2006
经济效益	2005	4.33	2005	2009	corn	1991	14.26	1991	2011
烤烟	2005	8.84	2008	2014	calcareous soils	1991	13.95	1991	2014
紫花苜蓿	2008	8.22	2008	2010	sewage sludge	1990	28.93	1992	2011
油菜	1992	5.69	2010	2012	copper	1991	27.06	1992	2011
植酸	2010	4.69	2010	2014	sorption	1992	15.38	1992	2010
喷施	2010	5.01	2015	2020	zinc	1990	14.67	1992	2008
番茄	2016	4.42	2016	2024	pH	1991	20.92	1994	2007
营养品质	2006	4.34	2016	2022	lead	1994	30.68	1996	2014
生理特性	2010	4.29	2017	2024	cadmium	1992	20.9	1998	2010
光合特性	2004	5.57	2018	2024	metals	1994	26.6	2000	2015
水稻	1992	5.65	2019	2022	availability	1991	17.77	2001	2009
小麦	1994	4.57	2019	2020	iron chlorosis	2002	18.39	2002	2015
谷子	2019	4.32	2019	2024	chlorosis	1992	15.31	2003	2016
果实品质	2008	6.94	2020	2024	silver nano-particles	2018	16.62	2020	2024
氮锌配施	2010	4.34	2020	2024	zinc oxide nanoparticles	2019	22.84	2021	2024
锌含量	2010	4.62	2021	2024	zno nanoparticles	2016	17.05	2021	2024
夏玉米	1995	3.95	2022	2024	green synthesis	2020	15.26	2021	2024

参考文献

陈茂雪，2024. 微量元素肥施用量对烤烟根系活力的研究 [J]. 种子科技，42（17）：31-33.

丁双双，李燕婷，袁亮，等，2015. 小分子有机物螯合钙肥对樱桃番茄产量、品质和养分吸收的影响 [J]. 中国土壤与肥料（5）：61-66.

胡亮，乐国伟，施用晖，2007. 微波固相合成蛋氨酸锌工艺的研究 [J]. 食品工业科技（1）：193-195.

黄俊，张育维，汪洪，2023. 铁肥施用、生物强化与人体铁素营养 [J]. 肥料与健康，50（2）：11-23.

李大光，林娜妹，舒绪刚，2009. 室温固相法制备甘氨酸亚铁的工艺研究 [J]. 食品工业科技（10）：285-287.

李亮，2004. 微波固相合成氨基酸亚铁螯合物的研究 [D]. 无锡：江南大学.

林娜妹，李大光，舒绪刚，等，2009. 室温固相法制备甘氨酸铜的工艺研究 [J]. 食品工业科技（1）：263-265，268.

鲁晓芳，俞火明，1997. 硫酸蛋氨酸合锌工艺研究 [J]. 湖南化工（1）：30-33.

吕涛，孙晓东，刘翠翠，等，2021. 不同螯合肥对草莓生长、产量和品质的影响 [J]. 黑龙江农业科学（5）：18-22.

罗勤慧. 2015. 配位化学 [M]. 北京：科学出版社.

马扶林，2009. 微量元素对农作物品质影响概述 [J]. 青海草业（2）：32-35.

马强，2018. 微量金属元素螯合肥制备方法研究 [D]. 郑州：郑州大学.

Murphy R，2010. 螯合微量元素与络合微量元素的概念与特性 [J]. 浙江畜牧兽医（3）：16-17.

牛彦超，朱盼盼，马彦平，2022. 螯合态中微量元素肥料现状分析及前景展望 [J]. 肥料与健康，49 (5)：6-10.

石莹莹，2015. 绿色螯合剂亚氨基二琥珀酸的性能及应用研究进展 [J]. 河南化工，32 (6)：7-10.

汪根法，汪晓峰，胡利招，等，2003. 茶园喷施螯合态多元微肥和锌肥效果初报 [J]. 茶业通报 (2)：70-71.

徐卫红，2016. 新型肥料使用技术手册 [M]. 北京：化学工业出版社.

张广辉，陈春秋，李竞芸，2003. 螯合态多元复合微肥在露地小冬瓜上的应用 [J]. 上海蔬菜 (3)：39.

张海艳，刘金梅，范继锋，等，2024. 新型肥料微量元素螯合肥的研究与应用进展 [J]. 蔬菜 (4)：13-22.

张蔚玲，郑丽敏，雷立旭，等，1994. 固相配位化学反应研究 (LXVII)：固-固相反应合成混配化合物 [J]. 高等学校化学学报 (10)：1443-1445.

张西兴，庞世花，高琪，2014. 一种微量元素螯合铜盐的制备研究 [J]. 广州化工 (17)：74-75.

章恒毅，2010. 红蚯蚓"氨基酸螯合肥"在白菜上的肥效试验 [J]. 云南农业科技 (6)：11-13.

钟国清，2004. 氨基酸微量元素螯合物的制备方法研究 [J]. 饲料工业 (1)：47-49.

钟国清，曾仁权，2002. 微波辐射固相法合成缩二脲铜配合物 [J]. 无机化学学报 (8)：849-853.

周麟笔，马关鹏，赵大芹，等，2022. 微量元素肥对耐抽薹大白菜制种产量的影响 [J]. 农技服务，39 (4)：19-21.

周淑清，黄祖杰，刘爱萍，等，2003. 药用植物黄芪施用螯合态复合微肥的效果 [J]. 耕作与栽培 (4)：31-62.

ARTURO D F, MARTIN E R, FLORE O C, 2018. Correction of iron chlorosis with chelate EDDHA in crops grown in alkaline and calcareous soil [J]. TerraLatinoam, 36 (1): 23-30.

GEDYE R, SMITH F, WESTAWAY K, et al., 1986. The use of microwave ovens for rapid organic synthesis [J]. Tetrahedron Letters, 27 (3): 279-282.

JIE M, RAZA W, XU C Y, et al., 2008. Preparation and optimization of amino acid chelated micronutrient fertilizer by hydrolyzation of chicken waste feathers and the effects on growth of rice [J]. Journal of Plant Nutrition, 31 (3): 571-582.

JULIASTUTIS R, SALSABILA F, RAHADISTYF F, 2024. Production of Cu-EDTA, Zn-EDTA, CuZnEDTA as a micronutrient fertilizer and its application to lettuce [J]. Advances in Science and Technology, 7057: 151-158.

LIDSTROM P, TIERNEY J, WATHEY B, et al., 2001. Microwave assisted organic synthesis-a review [J]. Tetrahedron (45): 9225-9283.

WANG Y Y, MUHAMMAD T, LIU Z Y, et al., 2022. Chelated copper reduces yet manganese fertilizer increases calcium - silica fouling in brackish water drip irrigation systems [J]. Agricultural Water Management, 269: 107655.

第九章 气体肥料研发及应用研究现状与演化

9.1 气体肥料概述

气体肥料也称气体化肥、气肥,是一种在常温、常压下呈气态的化肥,因其具有很强的气体扩散性,在温室、塑料大棚中广泛使用。其中,二氧化碳(CO_2)为常用气体肥料之一,此外还有氮气(N_2)等。温室中施用二氧化碳气体肥料可以增强植物的光合能力、增强植物的生长能力、改善植物的品质、显著增加农作物的产量(黎晔和赵志华,1997)。

气体肥料对农作物的生长发育起着非常重要的作用。

(1) 气体肥料对光合作用的影响

陈晓有等(2020)研究发现,在设施条件下,CO_2浓度的增加能够明显地促进青椒的光合作用,能提高青椒功能叶片的净光合速率、瞬时水分利用效率、叶片胞间CO_2浓度以及SPAD值,同时降低气孔导度和蒸腾速率。C_3与C_4植物对CO_2的浓度响应存在差异。C_3植物对CO_2浓度的变化较为敏感,C_4植物对CO_2的响应相对较弱。大部分的温室作物都是C_3作物。在CO_2饱和点和补偿点之间,随着CO_2浓度的升高,植物的光合作用效率逐渐提高。特别是在强光照射下,增加CO_2浓度有利于光合作用的提高。

(2) 气体肥料对呼吸作用的影响

刘浩和艾应(2006)研究表明,CO_2气体肥料能抑制果蔬的呼吸,延缓其代谢,降低其腐烂程度及其病虫害的发生,减少水分丧失,从而保持果蔬的鲜度和商品性。C_3作物属于高光呼吸型作物,其生命周期始于Rubisco加氧反应,由于Rubisco加氧活性的大小取决于细胞间隙中CO_2与氧气的比值,CO_2施肥会提高这一比值,使加氧活性降低,所以呼吸作用减弱,CO_2的同化量也相应减少。

(3) 气体肥料对植物的蒸腾效应

包长征等(2011)研究表明,与对照相比,采用CO_2气体肥料可以提高辣椒的蒸腾速率。CO_2对叶片气孔的运动影响明显,低浓度的CO_2促进植物的气孔开放,而在高浓度的情况下,植物的气孔闭合。当增加CO_2施用量时,气孔开度变小,叶界面阻力增大,导水率降低,蒸腾作用减弱,光合作用的水分利用率也随之增加。

(4) 气体肥料对营养和生殖的影响

董正武等(2014)研究表明,CO_2气体肥料具有明显的增产作用,对蔬菜的品质有一定的影响。增加CO_2浓度可以提高植物的光合作用能力,为其细胞生长提供足够的碳源,并引发细胞生长。当CO_2溶解于水中时,会导致溶液pH值下降,H^+被释放;当细胞壁H^+浓度升高时,细胞壁内的酶可活化,使细胞壁多聚物间的连接断裂,进而导致细胞壁变得柔软、松弛,膨压下降,进而促进细胞吸水膨胀。

此外,在进行CO_2施肥的过程中,要保证植物对矿物元素的需求,在C/N较高的情况下,CO_2施肥可以促进植物的花芽分化。在大棚中增施CO_2,可提升光合碳素代谢水平,提高植物C/N含量,促进花朵的形成和发育,同时增加叶片中的蔗糖含量,从而促进同化物由源向库的运输,提高瓜果蔬菜的坐果率(崔德杰等,2016)。

9.2 气体肥料的研发与作用效果

9.2.1 气体肥料的研发

目前气体肥料的研究开发有气体法、化学反应法、微生物分解法三大类。对于纯气体法(崔德杰等,2016),具有纯度高、操作简便等优点，但存在来源有限、成本高以及运输和使用不安全的问题。化学反应法（冯彩霞，2018）生产气体肥料，有酸/碳酸盐反应法和燃烧法，其原料来源广泛，使用方便，但成本偏高。微生物分解法生产气体肥料（侯朴凡，2022），特别是增施有机肥、栽培食用菌，可以利用种植条件开展，不过产生的气体量无法控制，且产生的气体杂质较多；而土壤化学法的成本也相对较高。有关气体肥料研发工艺及作用特点见表9-1。

表9-1 气体肥料（如CO_2）的研发工艺

方法		关键工艺	作用特点
纯气体（CO_2）法		利用纯度高的固体的升华或液体的蒸发来产生气体（CO_2）	气体纯净、施用方便、劳动强度较低，但成本较高、有负温度效应
化学反应法	酸/碳酸盐反应法	硫酸碳铵法：由稀硫酸储液罐、反应桶、控制器、净化吸收桶和输送管道等组成	操作简单、成本低廉，但反应缓慢，产气率低
		固体酸法：双袋包装，一袋为肥源（如NH_4HCO_3或$CaCO_3$），另一袋为固体酸，使用时倒入塑料或玻璃容器中加水	克服了强腐蚀性、便于运输使用，但产气量低、成本高
	燃烧法	液体燃料燃烧法：利用白煤油等液态石化产品的氧化燃烧产生气体肥料（CO_2）	使用方便、易于控制施肥量及时间，但材料纯度要求高，成本高
		固体燃料燃烧法：利用含碳量较高的物质，如木材、木炭、植物秸秆、煤和焦炭等，燃烧产生气体肥料（CO_2）	原料来源广泛、成本低，但燃料化学成分较复杂，易产生有害物质
		气体燃料燃烧法：利用气态燃料，如液化石油气、天然气和沼气的燃烧产生气体肥料（CO_2）	供气量大、操作方便，但消耗能量大、燃料成本高

(续表)

方法		关键工艺	作用特点
微生物分解法	增施有机肥	在土壤中微生物的活动下，粪便、农作物的秸秆、杂草茎叶等有机质可分解产生气体肥料（CO_2）	原料就地取材、成本也低，但是释放气体量和释放速度无法控制
	栽培食用菌	利用食用菌的生产过程来吸收 O_2 放出气体肥料（CO_2）	可利用温室空间、提高经济效益，但产生的气体不纯
	土壤化学法	利用 $CaCO_3$ 粉为基料，与其他添加剂、载体和黏结剂经埋入土中后，经土壤微生物的生化和物化作用，缓慢放出气体肥料（CO_2）	操作简单、使用方便、一次施肥有效期长，但产气量低、成本也较高，释放不受控制

9.2.2 气体肥料的作用机理

气体肥料对作物的生长发育具有重要意义。

①气体肥料（如 CO_2）能促进植物光合作用，在酶的促进下，CO_2 和水生成糖类与氧气，因此在未达平衡点时，提高 CO_2 浓度可强化植物光合作用，提高光合作用效率，从而为植物提供所需能量，促进植物生长发育。

②施用气体肥料能有效地提高土壤肥力。土壤中所含的 CO_2 具有分解有机物的能力，且可被植物所利用，从而提高植物的光合作用能力，使土壤中的氨氮被植物吸收，从而提高土壤肥力。

③气体肥料对作物生长具有调控作用。CO_2 具备植物激素的作用，能促进植物生长和发育，能增强植株的抗病性，还能促进幼苗干物质积累，对营养器官的生长发育有显著的促进作用。若能使植株根系发达、茎秆粗壮，花芽分化节位降低，促进壮苗的形成，从而提高植株的产量与品质。

9.2.3 气体肥料的作用效果

利用 CO_2 等气体的化学特性，促使植物光合作用，从而将 CO_2 转变成糖类物质。施用气体肥料，能加大作物进行光合作用的强度，提高光合效率，并且还能够推动根系发育，提升作物的品质与产量。空气中有 0.03% 的 CO_2，当其浓度上升到 0.3% 时，植物的光合作用将得到加强，由此产生的养分也将增加，促进植株的生长。有关气体肥料处理的作用效果如表 9-2 所示。

表 9-2 气体肥料处理对作物的影响效果

研究人员	年份	对作物的影响效果
何惠彬	2023	在其他栽培措施相同的条件下，向温室大棚中增施 CO_2 气体肥料，使温室内空气中 CO_2 含量晴天保持在 500~700 mL/m^3，阴雨天保持在 400 mL/m^3 左右，可使辣椒产量增加 25% 左右
李向前等	2019	明显提高黄瓜叶片光合效率，提高抗逆性，降低生育期生理性病害的发生概率；在施用 CO_2 气体肥料的情况下，瓜条增长 1 cm 左右，单瓜重增加 13~21 g，有效增加了单位面积产量
李峰等	2019	温室内施用 CO_2 气体肥料显著提升 KM183 葡萄的果穗重、果粒重、果粒横纵径与叶片厚度，使 KM183 葡萄的成熟期提前 18 d，温室内施用 CO_2 气体肥料使 KM183 葡萄增产 44.4%
刘汉文等	2018	CO_2 浓度在 800 μL/L 时，4 种化肥处理下的番茄产量提高 9.11%~67.76%，维生素 C 含量增加 12.52%~38.60%，可溶性糖含量增加 45.77%~85.92%，硝酸盐含量下降 7.78%~38.18%
姜兆彤等	2018	冬季温室释放 CO_2 气体肥料，能有效解决 CO_2 不足的问题，满足草莓光合作用时对 CO_2 的需求，增加碳水化合物积累，使果实品质提升，产量增加，经济效益显著
王兆霞	2018	在蔬菜大棚内增施 CO_2 气体肥料，可促进蔬菜生长，提高蔬菜抗病虫害的能力，改善果实品质，缩短蔬菜上市时间，提高经济效益
刁春武等	2017	增施 CO_2 气体肥料的设备芫荽棚产量高于对照棚，单株质量和株高有所增加，增幅分别为 27.46% 和 23.40%

(续表)

研究人员	年份	对作物的影响效果
Wang 等	2016	缓释 CO_2 肥料不仅具有非常稳定的核壳结构，而且具有缓释性能，最重要的是能够在植物气孔中原位缓慢释放 CO_2，制备的缓释 CO_2 肥料能够提高小白菜的光合作用效率，能够促进小白菜生长
王向鹤等	2015	北方棚室内施用 CO_2 气体肥料显著促进蒜薹生长发育及营养物质的积累，施肥的最佳浓度为 1 000~1 200 mL/m³
常娟等	2014	CO_2 气体肥料能够显著促进葡萄叶片的生长，叶绿素含量、净光合速率比对照有所增加，葡萄平均穗质量比对照增加了 15.1%

9.3 气体肥料研究的总体现状

气体肥料检索到 CNKI 期刊论文共 114 篇，CNKI 学位论文共 53 篇，WoS 核心合集英文论文共 960 篇。如图 9-1 所示，CNKI 中关于气体肥料的首篇期刊论文在 1992 年发表，首篇学位论文在 2000 年发表，我国学者们对气体肥料的研究开始时间较晚，整体上，CNKI 期刊论文有关气体肥料文献呈现出波动式状态；在 2001 年有关气体肥料的中文期刊论文最多，为 8 篇；CNKI 中学位论文在 2020 年达到最高，为 7 篇，说明国内近些年开始加强对气体肥料的研究。WoS 核心合集中关于气体肥料的首篇期刊论文在 1923 年发表，比中文期刊论文要早一些；从 1923 年开始到目前为止，发文量随时间的增长呈现出波动式上升的趋势，论文数量在 2023 年最高，达到 87 篇。

CNKI 数据库中气体肥料研究期刊论文和学位论文发表数量前 10 位的研究机构如表 9-3 所示。期刊论文和学位论文发表机构均显示，在气体肥料研究领域的主要研究机构为农林类科研机构，中文期刊论文发文量较多的第一单位研究机构分别为中国农业大学和

第九章 气体肥料研发及应用研究现状与演化

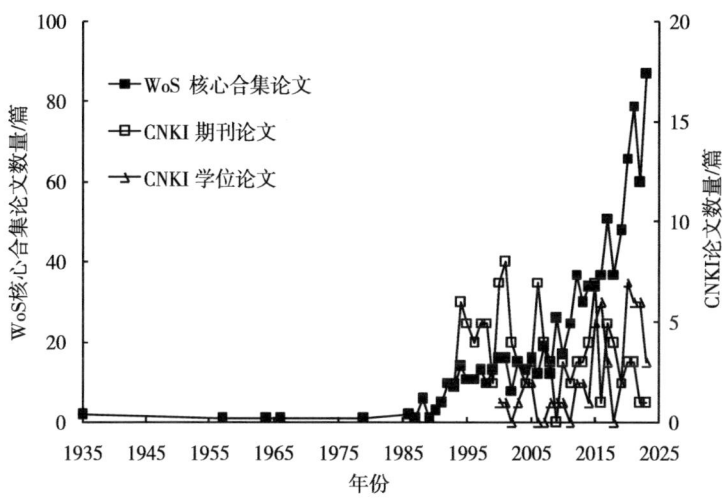

图 9-1 气体肥料研究论文随时间分布

河北北方学院,学位论文发文量超过 3 篇的有 5 个高校,浙江大学发表学位论文 8 篇,华中农业大学和西北农林科技大学各发表学位论文 4 篇,在气体肥料研究领域成果较多。WoS 核心合集气体肥料英文论文数量前 10 位的研究机构中,中国科学院发表相关论文数量最多,为 59 篇。

表 9-3 气体肥料研究文献研究机构分布

编号	期刊论文		学位论文		WoS 论文	
	第一单位	数量	研究机构	数量	研究机构	数量
1	中国农业大学	4	浙江大学	8	Chinese Academy of Sciences	59
2	河北北方学院	3	华中农业大学	4	United States Department of Agriculture	57
3	山东农业大学	3	西北农林科技大学	4	Indian Council of Agricultural Research	26
4	天津农学院	3	内蒙古农业大学	3	University of California System	23

(续表)

编号	期刊论文		学位论文		WoS 论文	
	第一单位	数量	研究机构	数量	研究机构	数量
5	西北农林科技大学	3	山西农业大学	3	University of Chinese Academy of Sciences, CAS	22
6	中国科学院	3	广州大学	2	Indian Institute of Technology System	17
7	北京科技大学	2	河南农业大学	2	Nanjing Institute of Soil Science, CAS	16
8	北京农学院	2	黑龙江八一农垦大学	2	University of Technology Sydney	15
9	河南农业大学	2	湖南大学	2	State University System of Florida	15
10	华北工学院分校	2	沈阳农业大学	2	Commonwealth Scientific & Industrial Research Organisation	14

气体肥料 CNKI 期刊论文共发表在 55 个中文期刊中，发表论文数量前 10 位的期刊如表 9-4 所示，基本以农林类期刊为主，《北方园艺》发文量最多为 23 篇，显示了该研究领域发表论文较高的研究水平。WoS 核心合集英文论文共发表在 454 个国际期刊上，发表论文数量前 10 位的期刊还是以农林类期刊为主。其中 Plant and Soil 发文量为 30 篇。

表 9-4 气体肥料研究文献期刊分布

编号	中文期刊		英文期刊	
	名称	论文数量	名称	论文数量
1	北方园艺	23	Plant and Soil	30
2	江苏农业科学	5	Global Change Biology	26
3	农业工程学报	5	Science of the Total Environment	23
4	河南农业科学	4	Agriculture, Ecosystems & Environment	16
5	农业机械学报	4	Communications in Soil Science and Plant Analysis	15

(续表)

编号	中文期刊		英文期刊	
	名称	论文数量	名称	论文数量
6	浙江农业科学	4	Field Crops Research	14
7	中国蔬菜	3	Soil Science Society of America Journal	13
8	中国沼气	3	Frontiers in Plant Science	12
9	安徽农业科学	2	Oecologia	11
10	化肥工业	2	Agricultural and Forest Meteorology	11

9.4 气体肥料研究的热点分析

由图9-2可知,中文文献数据中气体肥料主要以CO_2气体肥料为主,以CO_2向外引出的"光合作用""温室"等关键词更是扩大了气体肥料的研究领域,甚至扩展到模糊控制、秸秆等领域;国内还比较关注气体肥料对作物生长发育、产量品质的影响;对国内

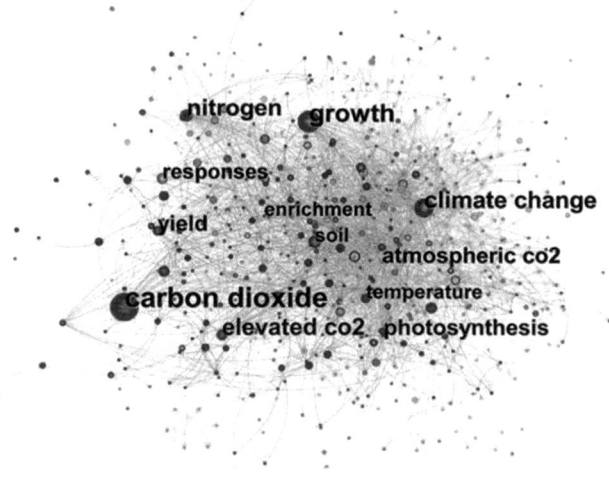

图 9-2 气体肥料文献数据的关键词共现网络

气体肥料的研究文献进行关键词分析（表9-5），研究关注热点是温室（14）、光合作用（10）、二氧化碳（10）等。英文文献数据中以 carbon dioxide、growth、climate change 关键词为主所形成的共现网络，与 CNKI 中文共现网络相比，国际气体肥料英文文献数据的关键词共现网络结构更为密集；国际气体肥料的研究文献进行关键词分析，研究关注热点是 carbon dioxide（275）、growth（143）、elevated CO_2（98）、climate change（95）、nitrogen（92）等。总的来看，国内外气体肥料领域研究关注的热点整体相似，都比较关注气体肥料对作物生长、产量品质等性能指标的影响。

表9-5 气体肥料文献数据的高频关键词

编号	中文		英文	
	关键词	频次	关键词	频次
1	温室	14	carbon dioxide	275
2	光合作用	10	growth	143
3	二氧化碳	10	elevated CO_2	98
4	品质	8	climate change	95
5	日光温室	8	nitrogen	92
6	蔬菜	6	yield	76
7	产量	5	atmospheric CO_2	73
8	模糊控制	5	photosynthesis	65
9	温室大棚	4	responses	60
10	番茄	4	enrichment	45

由图9-3 CNKI文献结果显示，气体肥料文献关键词共现网络共形成6个聚类。#0、#1、#4聚类相互交叉，可以归为气体肥料对植物光合作用以及修复的影响；国内学者们还对聚类#2品质、#3无公害蔬菜、#5温室大棚较为关注。WoS核心合集英文文献结果显示，国际气体肥料文献关键词共现网络共形成12个聚类，标

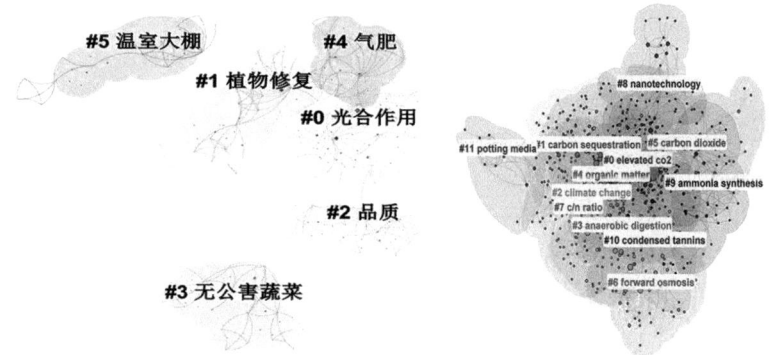

图9-3 气体肥料文献数据的关键词聚类图谱

识了该研究领域的知识基础结构及其动态演进的过程;12个聚类之间交错纵横,聚类#0、#1、#2、#5、#7可以归类为在气体肥料领域国际研究者关注二氧化碳变化、天气变化以及C/N比率等问题;国际学者们还比较关注聚类#8 nanotechnology、#9 ammonia synthesis、#10 condensed tannins、#11 potting media等方面。

9.5 气体肥料研究的演化趋势

如图9-4所示,在CNKI数据库中,从1995年开始出现了关于气体肥料的研究文献,由图可以看出,整体上有关气体肥料的聚类文献数量较少,聚类#0光合作用的数据数量都是相对较多的,这说明了这些聚类领域的重要性,聚类#1植物修复横跨整个研究时间段,但聚类的数据数量相对较少;高频光合作用(0.22,#0)、品质(0.19,#2)的中介中心度>0.1,这些词往往为连接不同领域的关键枢纽。在WoS核心合集英文数据库中,聚类#0至聚类#3的文献相较于其他聚类较多;聚类#0至聚类#2在1991—2005年文献较多,后期文献较少,且聚类#0时间跨度最大;而聚类#3文献在2005—2024年较多,前期文献较少。整体上,国际学者们近年来比较关注climate change、anaerobic digestion、carbon dioxide、forward osmosis、C/N ratio、ammonia synthesis。

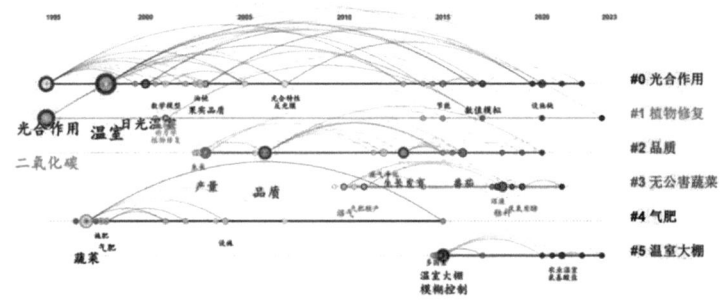

第九章 气体肥料研发及应用研究现状与演化

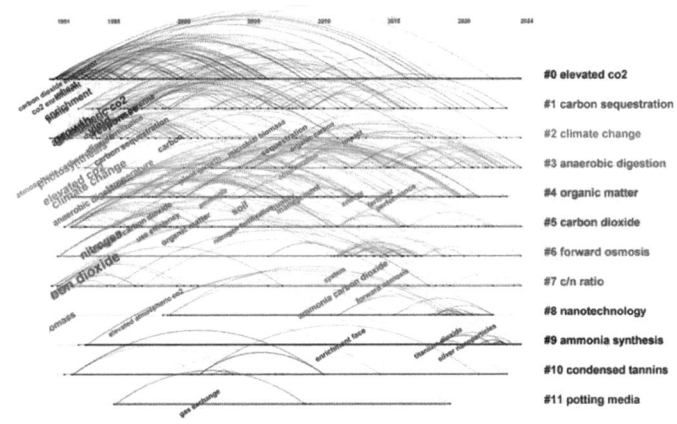

图 9-4 气体肥料文献数据的时间线图

分析气体肥料研究热点趋势如表 9-6 所示。中文文献中前 20 个突现词大致分为 2 个时期：1995—2007 年，学者们主要研究在塑料大棚里对蔬菜使用气肥并观察其应用效果；2012—2021 年，国内学者们研究气肥对作物产量品质的影响，利用氨基酸盐类吸收剂吸收沼气工程生产的沼气中的 CO_2，应用到农业生产中，具有安全洁净的特点。英文文献前 20 个突现词，1991—2011 年，对于气肥的研究学者们关注 CO_2 上升富集以及碳封存等问题；2013—2021 年，学者们将 CO_2 气肥应用于农业生产中，观察对作物产量的影响，近年来国际学者们格外关注 titanium dioxide、silver nanoparticles 等方向。

表 9-6 气体肥料文献数据的突现词

中文突现词	年份	强度	开始年份	结束年份	英文突现词	年份	强度	开始年份	结束年份
塑料大棚	1995	1.34	1995	1996	CO_2 enrichment	1991	6.43	1991	2003
蔬菜	1997	1.49	1997	2001	decomposition	1993	6.87	1993	2009

(续表)

中文突现词	年份	强度	开始年份	结束年份	英文突现词	年份	强度	开始年份	结束年份
气肥	1998	1.75	1998	2002	elevated CO_2	1992	8.47	1994	2007
光合作用	1995	2.68	2000	2008	dioxide	1994	4.46	1994	2007
应用效果	2001	1.25	2001	2002	lolium perenne	1996	9.52	1996	2006
数学模型	2001	1.05	2001	2005	elevated atmospheric CO_2	1997	4.45	1997	2004
黄瓜	2002	1.25	2002	2011	carbon dioxide enrichment	1991	5.34	1999	2008
反光膜	2007	1.34	2007	2008	responses	1995	4.98	2003	2013
设施农业	2012	1.19	2012	2014	sequestration	2007	4.74	2007	2017
生长发育	2013	1.31	2013	2019	ammonia carbon dioxide	2011	6.08	2011	2017
二氧化碳	1995	1.24	2013	2017	water	1991	5.17	2011	2017
温室	1998	1.84	2014	2015	yield	1994	5.05	2013	2019
品质	2006	1.47	2015	2018	forward osmosis	2014	5.42	2014	2017
番茄	2016	1.96	2016	2019	performance	2015	5.88	2015	2020
产量	2003	2.26	2017	2018	waste water	2016	5.17	2016	2019
数值模拟	2017	1.06	2017	2018	titanium dioxide	2018	5.64	2018	2022
秸秆	2018	1.88	2018	2019	soil	2004	5.12	2018	2022
再生稻	2021	1.69	2021	2022	silver nanoparticles	2020	5.12	2020	2024
氨基酸盐	2021	1.12	2021	2022	anaerobic digestion	1993	4.62	2020	2022
农业温室	2021	1.12	2021	2022	grain yield	2021	5.26	2021	2024

参考文献

包长征,张学忠,徐秀梅,2011. CO_2 气肥对保护地辣椒光合生长发育的影响 [J]. 宁夏农林科技,52 (7):14-15.

常娟,吴玉霞,常永义,2014. 日光温室冬季增施 CO_2 气体对延后红地球葡萄生长发育的影响 [J]. 中外葡萄与葡萄酒,(3):30-34.

陈晓有,2020. 温室青椒罐式 CO_2 自动施肥的生长和生理效应 [D]. 呼和浩特:内蒙古农业大学.

崔德杰,杜志勇,2016. 新型肥料及其应用技术 [M]. 北京:化学工业出版社.

刁春武,黄忠阳,岳明灿,等,2017. 二氧化碳施肥对芜菁生长的影响 [J]. 长江蔬菜,(22):68-70.

董止武,薛志霞,王峰杰,2014. 北方设施蔬菜生产中 CO_2 施肥效应及研究进展 [J]. 内蒙古农业科技,(3):74.

冯彩霞,2018. 日光温室二氧化碳发生器的设计与试验研究 [J]. 中国农机化学报,39 (4):39-40,89.

何惠彬,2023. CO_2 气肥在温室大棚辣椒栽培中的应用 [J]. 福建农机,(1):22-26.

侯朴凡,2022. 温室二氧化碳分布规律及气肥增施 CFD 模拟研究 [D]. 太原:山西农业大学.

姜兆彤,杜玉斌,王春花,等,2018. 温室释放二氧化碳气肥对草莓生产的影响 [J]. 北方果树,(2):18-19.

黎晔,赵志华,1997. 二氧化碳气体新肥料问世 [J]. 北京农业,(4):39.

李峰,张会臣,张仲新,等,2016. 二氧化碳气肥对温室葡萄的应用效果 [J]. 北方果树,(1):11-12.

李向前,梁然,张红,等,2019. 二氧化碳气肥在日光温室黄

瓜上的应用试验 [J]. 现代农村科技，(2)：65-66.

刘汉文，武国慧，王玲莉，等，2018. 不同浓度 CO_2 与化肥配施对番茄生长和养分吸收的影响 [J]. 中国土壤与肥料，(6)：118-125.

刘浩，艾应伟，2006. CO_2 在农业生产中的应用 [J]. 北方园艺 (5)：87-88.

王向鹤，裴占江，王粟，等，2015. CO_2 气肥对北方棚室蒜薹生长发育及品质的影响 [J]. 湖北农业科学，54（12）：2919-2923，2953.

王兆霞，2018. CO_2 气肥增施技术在大棚温室蔬菜生产中的应用试验分析 [J]. 江苏农机化（4）：36-38.

WANG Y, ZHANG Y J, HAN J M, et al., 2019. Improve plant photosynthesis by a new slow-release carbon dioxide gas fertilizer [J]. ACS omega, 4 (6)：10354-10361.

第十章 纳米肥料研发及应用研究现状与演化

10.1 纳米肥料概述

纳米肥料也称纳米复合肥,是一种以纳米材料为基础的新型化肥。纳米肥料是纳米技术在农业方面的一个具有标志性的应用,它是借助纳米材料技术构建,通过医药微胶囊技术和化工微乳化技术加以改性以及进行化学聚合而形成的全新肥料,包括纳米结构肥料以及由纳米材料包膜或胶结包膜的缓控释肥料(张夫道等,2002)。我国传统的化肥施用方式存在着诸多问题,其中以利用率较低最为突出,造成生产成本增加,导致环境污染。纳米材料因其高的比表面积,有望在很大程度上克服这一难题。

纳米肥料作为一种新型的肥料,对农作物的生长具有重要意义:

①增加了化肥利用率,使其更容易被作物吸收利用(张福锁等,2022)。纳米化肥是以纳米材料为基础的,它的开发和自身的诸多优良特性使其成为制备纳米化肥的可能性。一方面,由于纳米材料的比表面积大、粒径小,可以提高化肥的吸附性,降低化肥的损失;另一方面,由于根系具有趋肥、趋水等特性,纳米肥可以被有效地吸附并黏附于其上,从而提高其对营养物质的利用效率。同时,其优异的吸附特性也为纳米肥的叶面喷洒创造了有利条件。

②优化营养元素在植株中的分配,提高农产品质量(盛彬

等，2024）。利用纳米肥料不仅可以促进作物生长发育，增强作物整体抗逆能力，还可以促进作物干物质积累，增加作物淀粉、糖含量。

③提高土壤肥力，改善土壤物理、化学和生物化学特性（Verma et al.，2022）。把纳米肥料施用到土壤中，在一定程度上能够改良土壤的理化特性。无机纳米材料在土壤中会吸附气体，可以提高土壤的通气能力；纳米材料的表面积大，表面上的活性位点多，在合适的条件下，可催化裂解 H—H、C—C、C—H、C—O 等键，提高土壤有机质的分解效率，同时也能提高土壤团聚体的蓄肥保水功能。纳米材料能够强化营养元素在土壤中的交换和吸附，从而促进土壤生产力的提升；同时，纳米材料还具有提高土壤微生物活性、调控碳氮比例、培肥土壤等潜力。

④有效利用废弃资源，降低对环境的影响（齐明阳等，2023）。纳米肥料是一种环保型化肥，它的胶结包膜剂主要是利用塑料泡沫、城市污泥、有机肥、风化煤和黏土矿物等废旧资源，实现了对环境非点源污染的彻底治理。而且上述材料无论是有机的还是无机的，都制成纳米级别，由于尺寸小，呈质点状态分布，能有效地吸附土壤或地下水中的污染物，促进污染物的光降解或生物降解，从而缓解土壤及地下水的污染。

10.2 纳米肥料的研发与作用效果

10.2.1 纳米肥料的研发

纳米肥料按其结构与作用可划分为纳米结构肥料、纳米材料胶结包膜缓控释肥料、纳米碳增效肥料、纳米生物肥料。

（1）纳米结构肥料

利用纳米化技术，将部分难溶养分或部分富营养型矿物（如煤矸石、磷矿、钾长石等）通过球磨或液相沉积制备出纳米级化肥（朱世东等，2010）。或者利用纳米技术将氮肥和磷肥直接制备成纳米级的纳米尿素和纳米磷灰石肥料等。同时，还可以通过化学合成的方法将其制成纳米级的材料，然后通过吸附、吸收和反应等手段来制备。此类肥料的尺寸通常为 50~80 nm，其特点在于肥料复合组分以及养分均达到纳米级标准。

（2）纳米材料胶结包膜缓控释肥料

纳米胶结包膜缓控释肥料的胶结包膜材料是纳米级和亚微米级材料，赋予化肥纳米材料特征，同时化肥营养物质更易被作物吸收，提高化肥利用率（肖强等，2008）。将纳米技术与植物营养、肥料学、肥料制备等技术有机融合，制备出一种新型肥料，旨在解决传统肥料中存在的营养物质快速释放、与作物吸收养分不匹配、施用后易淋溶、挥发、固定等问题。

（3）纳米碳增效肥料

充分发挥纳米材料的表面效应、小尺寸效应和量子尺度效应，与植物所需的大量和微量营养元素相结合，形成一种新型含纳米碳的肥料（王子福等，2017）。纳米碳是一种低燃点、非导电的改性碳，粒径在 5~80 nm，可完全溶于水且具有快速吸水功能，能够增强水的溶解能力，提升水的细胞生物透性等，从而强化植物的光合作用，增强植物根系吸收养分和水分的能力（刘安勋等，2006；Monreal et al.，2016）。

（4）纳米生物肥料

依据生物学与植物学、植物营养学的原理，在肥料里添加生物有益菌种、营养组分以及中微量元素等，制成一种新型肥料（黄自光，2021）。此肥料中的磷和中微量元素养分稳定，不会出现沉淀现象，也不受 pH 值影响，提升了养分使用效率。其中的生物有益菌种、中微量元素及其他营养元素能够为作物提供全面且易于吸收的营养，增进植物对肥料的利用程度，增强植物抵抗病虫害的能力，促进植物生长（表 10-1）。

表 10-1 纳米肥料的研发工艺

类型	关键工艺	作用特点
纳米结构肥料	采用高能球磨法或液相沉淀法制成的纳米尺寸的肥料,或先用化学方法制备出纳米结构材料,再通过吸附、吸收、反应等方法制备	肥料复合组分和养分尺寸达纳米级标准,肥效高
纳米材料胶结包膜缓控释肥料	胶结包膜材料是纳米级、亚微米级材料,使肥料具有纳米材料的特性	肥料养分更容易被吸收、利用,养分释放与作物吸收养分协调
纳米碳增效肥料	利用纳米材料的表面效应、小尺寸效应和量子尺度效应,与植物所需的大量和微量营养元素结合而成的一种新型含纳米碳的肥料	低燃点、非导电、全部溶于水,提高水的细胞生物透性等,增加植物根系吸收养分和水分
纳米生物肥料	在肥料中加入生物有益菌种和营养组分、中微量元素等制成的一种新型肥料	养分利用效率高,增强植物抵抗病虫害的能力,促进植物生长

10.2.2 纳米肥料的作用机理

纳米肥料的作用机制主要涵盖以下 4 个方面。

（1）纳米结构肥料作用机制

纳米结构肥料的机制原理在于,纳米材料的小尺寸效应赋予肥料带磁效应,使得养分更容易被植物吸收,进而提升肥料的使用效率（殷宪国,2012）。同时,纳米结构肥料还能够刺激植物生长,提高作物产量。

（2）纳米材料胶结包膜缓控释肥料的机制原理

与普通缓控释肥料类似,纳米材料胶结包膜缓控释肥料的养分组分并非纳米材料,但其胶结包膜材料为纳米级、亚微米级材料,因而使肥料具有纳米材料的特性,肥料养分也更易于被植物吸收,从而提高了肥料利用率（刘秀伟等,2017）。

（3）纳米碳增效肥料的机制原理

纳米碳是一种低燃点、非导电的改性碳,粒径在 5~80 nm,可完全溶于水且具有快速吸水功能,能够增加水的溶解能力,提升水的细胞生物透性等,从而增强植物的光合作用,增加植物根系吸收养分和水分的能力(刘键等,2008;Monreal et al.,2016)。

(4)纳米生物肥料的机制原理

相较于普通肥料,纳米生物肥料中的磷和中微量元素养分稳定,不会产生沉淀,不受 pH 值影响,由此提高了养分使用效率。其中的生物有益菌种、中微量元素及其他营养元素能够为作物提供全面且易于吸收的营养,增进植物对肥料的利用程度,增强植物抵抗病虫害的能力,促进植物生长,消除污染、改良土壤、改善土壤结构(殷宪国,2012)。

10.2.3 纳米肥料的作用效果

纳米肥料具备小尺寸效应进而产生带磁效应,其比表面积较大,由此拥有特殊性能,使得肥效显著提升。同时,它不受土壤类型等复杂因素影响,能够大幅减少对土壤和地下水的污染,在降低对农作物污染的同时,极大地提高产量,故而被称作"环境友好型肥料"。纳米肥料可以刺激植物生长,促进植物体内多种酶的活性,提高作物产量,改善品质,还具有增强植物对环境胁迫的抗性以及优化植物生长环境的作用。此外,其表面原子周围存在许多悬空键,具有极高活性,因表面效应,纳米结构肥料的表面能和表面结合能增大,有利于在土壤中被植物根系吸收,提高了肥料使用的成效。纳米肥料处理的作用效果如表 10-2 所示。

表 10-2 纳米肥料处理对作物的影响效果

研究人员	年份	对作物的影响效果
Ankit 等	2024	叶面纳米氮磷钾(4 mL/L)和纳米锌和铁(1 g/L)配施,秋葵的生长参数得到最大改善。其中,秋葵株高达到 120.35 cm,叶数/株达到 55.38,开花天数达到 50 d

(续表)

研究人员	年份	对作物的影响效果
Upadhyay 等	2023	施用纳米氮和纳米锌显著提高了玉米（66.2%~68.8%）、小麦（62.6%~61.9%）、珍珠粟（57.1%~65.4%）的籽粒产量。叶面喷施纳米氮和纳米锌，结合传统尿素，可将所需的氮肥用量减少高达25%，同时保持同等的产量水平
Sadati 等	2021	纳米肥料的施用有助于提升水稻的产量以及碾米产量，同时能优化其品质，具体表现为可调节伸长率与糊化温度，降低凝胶稠度并减少直链淀粉含量，以此实现谷物质量的改善
李小龙等	2016	将纳米碳粉剂按照比例掺入烟草专用肥中并充分混匀，作为纳米碳增效肥料，与对照组相比，等量纳米碳增效肥料用量处理能够优化烟草的田间农艺性状，增加烟叶单叶重和产量，提高中上等和上等烟的比例，提高烟叶均价，增加产值
Raliya 等	2016	利用土壤真菌合成纳米氧化锌颗粒，绿豆对磷的吸收水平提高10.8%，叶绿素含量和根系体积增加，保持土壤生物健康的微生物种群
裴福云等	2015	固体纳米二氧化硅用物理研磨的方式加工制成纳米硅藻土，在喷施等量硅藻土和纳米硅藻土后，与对照处理相比产量分别提高了11%、31%，对比喷施相同含硅量的纳米硅藻土、纳米二氧化硅后，发现苋菜干物质量分别提高43.4%和14.9%；吸收氮磷钾总量分别提高了36%和20%
杜杰等	2015	以多壁碳纳米管为改性材料制备水基聚丙烯酸酯复合材料，研制复合材料包膜控释尿素，添加一定量的多壁碳纳米管能够有效地改善原水基聚丙烯酸酯膜材料的疏水性及力学性质，有效地减小养分释放速率
薛照文	2015	以常规施肥作对照，纳米碳肥料增效剂在秋马铃薯产量上表现出一定的增产效果，常规施肥+0.3%纳米碳肥料增效剂增产3.31%，具有明显的节肥作用
武美燕等	2010	添加纳米剂的复合肥能促进水稻分蘖的形成，增加孕穗期叶绿素含量和干物质累积量，增加稻谷产量，提高氮肥利用率，同时降低稻田水中总氮含量，减少氮肥流失造成的水环境污染
Yin 等	2009	采用富硒碳质硅质岩粉为原料，制成纳米长效硒肥，应用于农田，可补充土壤中硒的缺失，改善土壤结构
Millán 等	2008	尿素沸石片缓控释纳米肥料可缓慢释放氮肥，且显著提高磷酸盐矿物的溶解性，改善作物对磷的吸收，增加作物产量

10.3 纳米肥料研究的总体现状

纳米肥料检索到 CNKI 期刊论文共 103 篇，CNKI 学位论文共 150 篇，WoS 核心合集英文论文共 1 307 篇。如图 10-1 所示，CNKI 中关于纳米肥料的首篇期刊论文在 2002 年发表，首篇学位论文在 2004 年发表；对于 CNKI 期刊论文来说，发文量整体随时间呈现波动趋势，在 2022 年发表期刊论文 11 篇；对于 CNKI 学位论文来说，整体趋势为上升趋势，期间有几年时间有关纳米肥料的文献发表数量有所下降；在 2014 年以后，纳米肥料相关学位论文发文量比期刊论文高，说明国内对纳米肥料的研究有了进一步的加强；在 2023 年达到最高，发表 25 篇。WoS 核心合集中关于纳米肥料的首篇期刊论文在 1990 年发表，表明纳米肥料相较于其他新型肥料来说，研究较晚；从 1990 年开始到目前为止，发文量随时间的增长呈现出上升的趋势，英文论文数量在 2023 年最高，达到

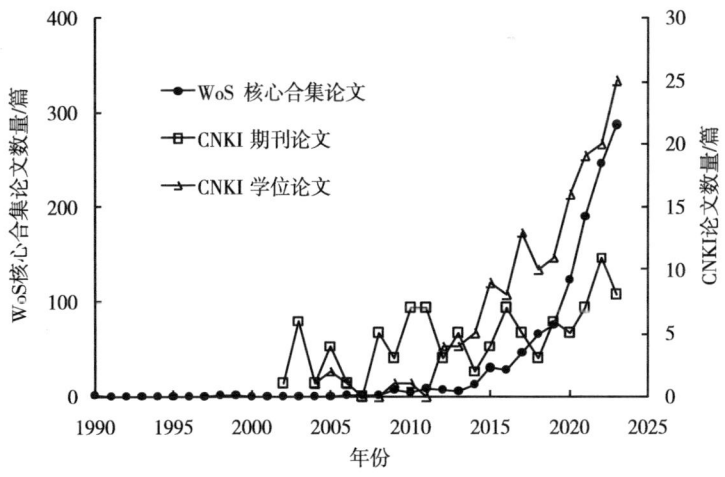

图 10-1 纳米肥料研究论文随时间分布

287篇。

CNKI 数据库中纳米肥料研究期刊论文和学位论文发表数量前10位的研究机构如表10-3所示。期刊论文和学位论文发表机构均显示，在纳米肥料研究领域的主要研究机构为农林类科研机构，中文期刊论文发文量较多的第一单位研究机构分别为中国农业科学院和中国科学院等，学位论文发文量超过7篇的有2个研究机构，山东农业大学发表学位论文14篇，在纳米肥料研究领域成果斐然。WoS 核心合集纳米肥料英文数量前10位的研究机构，*Egyptian Knowledge Bank* 发文量最多，为138篇，中国科学院发文量为39篇。

表10-3 纳米肥料研究文献研究机构分布

编号	期刊论文		学位论文		WoS 论文	
	第一单位	数量	研究机构	数量	研究机构	数量
1	中国农业科学院	10	山东农业大学	14	Egyptian Knowledge Bank	138
2	中国科学院	6	南京农业大学	8	Indian Council of Agricultural Research	55
3	北京市农林科学院	4	东北农业大学	7	Islamic Azad University	54
4	华中农业大学	4	西北农林科技大学	7	Chinese Academy of Sciences	39
5	郑州大学	4	西南大学	7	King Saud University	38
6	东北农业大学	3	浙江大学	7	University of Agriculture Faisalabad	32
7	湖南农业大学	3	沈阳农业大学	6	National Research Centre	31
8	江西省农业科学院	3	中国农业科学院	6	Agricultural Research Center-Egypt	30
9	长江大学	3	江南大学	5	Ministry of Agriculture & Rural Affairs	25
10	中国热带农业科学院	3	湖南农业大学	4	Cairo University	24

纳米肥料 CNKI 期刊论文共发表在60个中文期刊中，发表论

文数量前10位的期刊如表10-4所示,《植物营养与肥料学报》《中国土壤与肥料》《化工矿物与加工》等期刊发文较多,显示了该研究领域发表论文较高的研究水平。WoS核心合集英文论文共发表在401个国际期刊上,发表论文数量前10位的期刊还是以农林类期刊为主,*International Journal of Agricultural and Statistical Sciences*发文量最多,为46篇。

表10-4 纳米肥料研究文献期刊分布

编号	中文期刊		英文期刊	
	名称	论文数量	名称	论文数量
1	植物营养与肥料学报	13	*International Journal of Agricultural and Statistical Sciences*	46
2	中国土壤与肥料	7	*Journal of Plant Nutrition*	41
3	化工矿物与加工	6	*Science of the Total Environment*	40
4	农业工程学报	4	*Plants-Basel*	32
5	江苏农业科学	3	*Agronomy-Basel*	32
6	土壤	3	*Plant Physiology and Biochemistry*	28
7	中国瓜菜	3	*Journal of Soil Science And Plant Nutrition*	27
8	安徽农业科学	2	*Frontiers in Plant Science*	25
9	东北农业大学学报	2	*Scientific Reports*	22
10	光谱学与光谱分析	2	*Nanomaterials*	21

10.4 纳米肥料研究的热点分析

中文文献数据中纳米肥料还是以纳米碳为主,产量、水稻、纳米材料是纳米肥料研究领域所关注的重点(图10-2、表10-5),并以这些关键词引出多条线与其他关键词构成了共现网络结

◆ 新型肥料研发及应用研究现状与演化

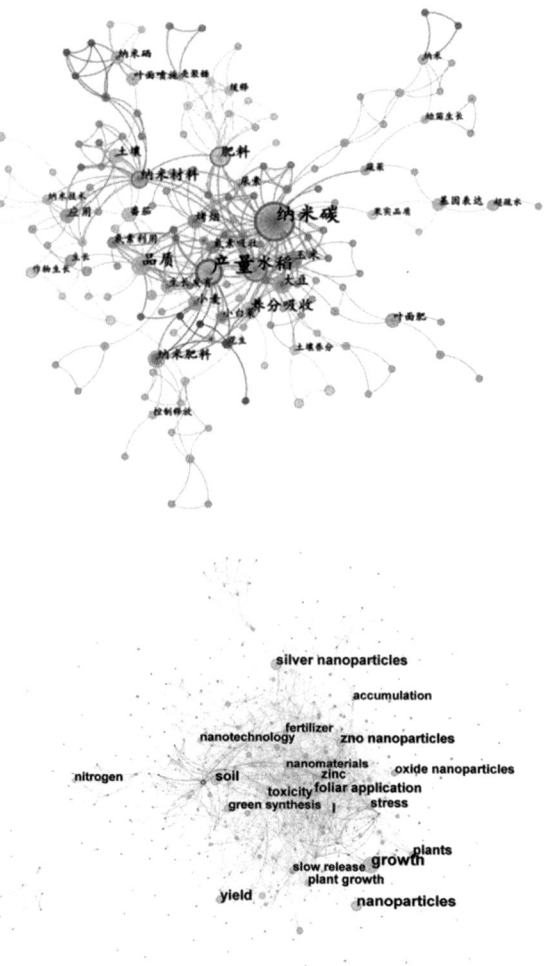

图 10-2　纳米肥料文献数据的关键词共现网络

构，共现网络中关键词与关键词之间相互交叉，并且还涉及基因表达、超疏水等领域，说明国内对纳米肥料的研究所涉及的范围较广；对国内纳米肥料的研究文献进行关键词分析，获得最高频关键词，结果表明国内纳米肥料研究关注热点是产量（30）、纳米碳（24）、水稻（14）等。英文文献数据中关键词 growth、nanoparticles、silver nanoparticles、yield 等词周围有颜色圆圈标注，圆圈大小表明该关键词在纳米肥料领域中的重要性；国际纳米肥料研究关注热点是 growth（280）、nanoparticles（198）、yield（145）、silver nanoparticles（131）等。国内和国际纳米肥料领域研究关注的热点整体相似，都比较关注纳米肥料对作物生长、产量品质等性能指标的影响，这一点与其他新型肥料研究情况基本一致。

表10-5 纳米肥料文献数据的高频关键词

中文关键词	频次	英文关键词	频次
产量	30	growth	280
纳米碳	24	nanoparticles	198
水稻	14	yield	145
品质	12	silver nanoparticles	131
养分吸收	9	soil	111
纳米材料	8	zno nanoparticles	105
肥料	8	plants	104
纳米肥料	6	foliar application	95
玉米	6	plant growth	82
大豆	6	oxide nanoparticles	78

由图10-3 CNKI 文献结果显示，国内纳米肥料文献关键词共现网络共形成9个聚类，揭示了纳米肥料研究领域中的知识基础结构和动态演化规律；#0、#1、#3、#4 聚类交叉重叠，其中聚类#0、#1、#2、#3、#4 可以概括为国内学者比较关注纳米肥料应用于作物（如烤烟、水稻等）的产量情况；此外国内学者还关注纳米、

控释、纳米硒、氮化碳纳米片领域。WoS 核心合集英文文献结果显示,国际纳米肥料文献关键词共现网络共形成 12 个聚类;聚类#0、#1、#5 可以归类为纳米肥料对作物产量以及土壤酶活性影响;聚类#2、#3、#4、#7 可以归类为施用纳米技术的智能肥料应用于作物生产。

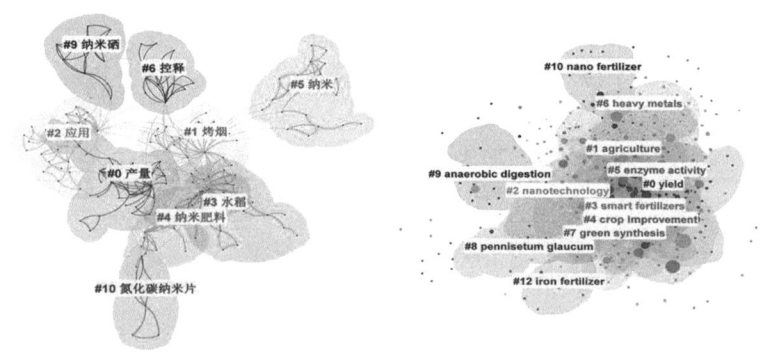

图 10-3　纳米肥料文献数据的关键词聚类图谱

10.5　纳米肥料研究的演化趋势

如图 10-4 所示,在 CNKI 数据库中,从 2003 年开始出现了关于纳米肥料的研究文献,可以了解到关于纳米肥料的整体文献数量较少;聚类#0 产量的文献是相对较多的,这说明了这些聚类领域的重要性;聚类#4 纳米肥料时间跨度长,近年来国内学者着手将纳米肥料和控释进行结合;关键词产量(0.2,#0)、水稻(0.2,#3)、纳米肥料(0.18,#4)等的中介中心度>0.1,这些词往往为连接不同领域的关键枢纽。在 WoS 核心合集英文数据库中,聚类#0、聚类#1 和聚类#2 的文献数量相较于其他聚类较多,这 3 个聚类的文献数量都是从 2015 年左右才开始增多,说明国际对纳米肥料的研究起步时间晚;聚类#0 和聚类#3 时间跨度大,横跨整个研究时间段；近年来比较关注 yield、agriculture、nanotechnology、smart fertilizers、crop improvement。

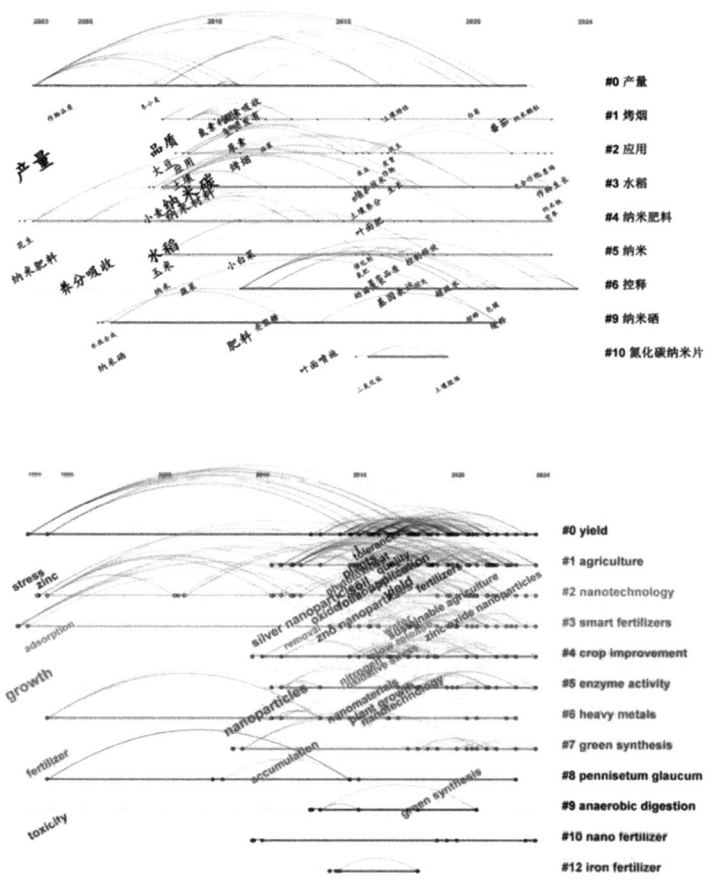

图 10-4　纳米肥料文献数据的时间线图

分析纳米肥料研究热点趋势如表 10-6 所示。中英文文献前 20 个突现词，整个时间段可以分为 2 个时期：第一个时期是 2003—

2013年,国内学者研究纳米肥料中氮素吸收利用情况以及将纳米肥料应用于常见作物,观察作物产量品质情况;第二个时期是2016—2021年,学者关注点转向将纳米肥料与叶面肥、控释肥结合应用,并观察对作物的品质有何影响。英文文献前20个突现词,在1999年出现突现词adsorption,持续时间较长,为1999—2015年;2011—2017年,学者们比较关注纳米肥料是否会产生危害植物的毒性,以及纳米肥料在土壤中迁移性的问题;2018—2022年,学者们研究热点为mesoporous silica nanoparticles、silica nanoparticles、antioxidant activity、antifungal activity等方面。

表10-6 纳米肥料文献数据的突现词

中文突现词	年份	强度	开始年份	结束年份	英文突现词	年份	强度	开始年份	结束年份
花生	2003	1.99	2003	2005	adsorption	1999	4.77	1999	2015
纳米肥料	2003	1.72	2003	2011	aqueous solutions	2011	2.64	2011	2020
纳米材料	2009	1.35	2009	2016	removal	2012	2.76	2012	2015
氮素利用	2010	1.73	2010	2015	toxicity	1999	4.97	2015	2018
烤烟	2011	1.97	2011	2016	plants	2015	4.92	2015	2017
氮素吸收	2011	1.85	2011	2015	phytotoxicity	2015	4.44	2015	2018
小白菜	2011	1.72	2011	2012	translocation	2016	4.53	2016	2017
玉米	2008	2.23	2013	2016	soils	2016	3.96	2016	2021
大豆	2008	1.24	2013	2015	wheat	2016	2.63	2016	2018
纳米碳	2009	2	2016	2017	efficiency	2017	2.68	2017	2019
叶面肥	2016	1.97	2016	2018	yield	2017	2.47	2017	2018
应用	2009	1.39	2016	2019	growth	1998	5.07	2018	2019
水稻	2008	1.32	2016	2018	transport	2018	3.64	2018	2020
基因表达	2017	1.25	2017	2019	antioxidant activity	2018	2.94	2018	2019
控释肥	2019	1.62	2019	2020	phosphate	2006	3.17	2019	2021
品质	2008	1.41	2020	2022	mesoporous silica nanoparticles	2019	2.49	2019	2021

(续表)

中文突现词	年份	强度	开始年份	结束年份	英文突现词	年份	强度	开始年份	结束年份
番茄	2021	2.2	2021	2022	*Zea mays* L.	2021	2.68	2021	2022
土壤	2009	1.54	2021	2024	seedling growth	2021	2.68	2021	2022
叶面喷施	2014	1.5	2021	2022	antifungal activity	2015	2.59	2022	2024
缓释	2021	1.28	2021	2024	silica nanoparticles	2022	2.58	2022	2024

参考文献

杜杰, 杜昌文, 申亚珍, 等, 2015. 碳纳米管/水基聚合物纳米复合材料包膜控释尿素的研制 [J]. 功能材料, 46 (19): 19148-19152.

黄自光, 2021. 专用肥配施纳米蚯蚓粪生物有机肥对苹果、番茄产量与品质的影响 [D]. 杨凌: 西北农林科技大学.

李小龙, 孙占伟, 过伟民, 等, 2016. 纳米碳增效肥料对烟草农艺性状和经济指标的影响 [J]. 土壤, 48 (4): 831-834.

刘安勋, 普玉江, 廖宗文, 等, 2006. 纳米产品对玉米生长发育的影响 [J]. 纳米科技, 3 (2): 21-25.

刘键, 张阳德, 张志明, 2008. 纳米增效肥料对冬小麦产量及品质影响的研究 [J]. 安徽农业科学, 36 (35): 15578-15580.

刘秀伟, 袁琳, 罗迎娣, 等, 2017. 纳米肥料制备研究进展 [J]. 河南化工, 34 (10): 7-11.

裴福云, 董超文, 陈文哲, 等, 2015. 纳米硅肥的制备及对苋

菜生长的影响 [J]. 园艺与种苗 (6): 12-17.

齐明阳, 王秀峰, 冯文博, 等, 2023. 不同纳米材料在纳米肥料上的应用研究进展 [J]. 肥料与健康, 50 (2): 1-5, 23.

盛彬, 林志豪, 武志健, 等, [2024-09-30]. 纳米肥料在园艺作物栽培中的作用研究进展 [J/OL]. 作物杂志, 1-10.

王子福, 邓小婵, 蒋悦, 等, 2017. 具有吸水保水功能的改性魔芋共聚物包膜缓释尿素的制备及性能研究 [J]. 磷肥与复肥, 32 (2): 5-9.

武美燕, 蒿若超, 田小海, 等, 2010. 添加纳米碳缓释肥料对超级杂交稻产量和氮肥利用率的影响 [J]. 杂交水稻, 25 (4): 86-90.

肖强, 张夫道, 王玉军, 等, 2008. 纳米材料胶结包膜型缓/控释肥料的特性及对作物氮素利用率与氮素损失的影响 [J]. 植物营养与肥料学报 (4): 779-785.

薛照文, 2015. 纳米碳肥料增效剂在秋马铃薯上的应用试验 [J]. 农业科技通讯, (9): 104-106.

殷宪国, 2012. 纳米肥料制备技术及其应用前景 [J]. 磷肥与复肥, 27 (3): 48-51.

张夫道, 赵秉强, 张骏, 等, 2002. 纳米肥料研究进展与前景 [J]. 植物营养与肥料学报 (2): 254-255.

张福锁, 申建波, 危常州, 等, 2022. 绿色智能肥料: 从原理创新到产业化实现 [J]. 土壤学报, 59 (4): 873-887.

朱世东, 徐自强, 白真权, 等, 2010. 纳米材料国内外研究进展Ⅱ——纳米材料的应用与制备方法 [J]. 热处理技术与装备, 31 (4): 1-8.

ANKIT K G, RAJIV, NIRANKAR, et al., 2024. Efficacy of nano-fertilizers applications on growth parameters and flowering dynamics in okra (*Abelmoschus esculentus*) [J]. International al Journal of Plant & Soil Science, 36 (9): 585-596.

MILLÁN G, AGOSTO F, VÁZQUEZ M, et al., 2008. Use of clinoptilolite as a carrier for nitrogen fertilizers in soils of the Pampean regions of Argentina [J]. Ciencia e Investigacion Agraria, 35 (3): 293-302.

MONREAL C M, DEROSA M, MALLUBHOTLA S C, et al., 2016. Nanotechnologies for increasing the crop use efficiency of fertilizer-micronutrients [J]. Biology & Fertility of Soils, 52 (3): 423-437.

RALIYA R, TARAFDAR J C, BISWAS P, 2016. Enhancing the mobilization of native phosphorus in the mung bean rhizosphere using ZnO nanoparticles synthesized by soil fungi [J]. Journal of Agricultural and Food Chemistry, 64 (16): 3111-3118.

SADATI V S T, NIKNEJAD Y, FALLAH A H, et al., 2021. Response of rice yield and quality to nano-fertilizers in comparison with conventional fertilizers [J]. Journal of Plant Nutrition, 44 (13): 1971-1981.

UPADHYAY P K, SINGH V K, RAJANNA G A, et al., 2023. Unveiling the combined effect of nano fertilizers and conventional fertilizers on crop productivity, profitability, and soil well-being [J]. Frontiers in Sustainable Food Systems, 7: 1260178.

VERMA K K, SONG X P, JOSHI A, et al., 2022. Recent trends in nano-fertilizers for sustainable agriculture under climate change for global food security [J]. Nanomaterials, 12 (1): 173.

YIN X B, LIU Y, TIAN W, 2009. The preparation of a nano long-acting selenium fertilizer: WO2009111986 [P].